中国生物多样性保护与绿色发展基金会绿野守护行动工作组出品

如何成为优秀环保工作者

周晋峰　◎主编

知识产权出版社

全国百佳图书出版单位

——北京——

图书在版编目（CIP）数据

如何成为优秀环保工作者/周晋峰主编. —北京：知识产权出版社，2020.11
ISBN 978 - 7 - 5130 - 7257 - 1

Ⅰ.①如… Ⅱ.①周… Ⅲ.①环境保护—基本知识 Ⅳ.①X

中国版本图书馆 CIP 数据核字（2020）第 203457 号

责任编辑：高　超　　　　　　　　　责任校对：谷　洋
封面设计：王洪卫　　　　　　　　　责任印制：刘译文

如何成为优秀环保工作者

周晋峰　主编

出版发行：	知识产权出版社 有限责任公司	网　　址：	http：//www. ipph. cn
社　　址：	北京市海淀区气象路 50 号院	邮　　编：	100081
责编电话：	010 - 82000860 转 8383	责编邮箱：	morninghere@ 126. com
发行电话：	010 - 82000860 转 8101/8102	发行传真：	010 - 82000893/82005070/82000270
印　　刷：	天津嘉恒印务有限公司	经　　销：	各大网上书店、新华书店及相关专业书店
开　　本：	720mm×1000mm　1/16	印　　张：	17. 75
版　　次：	2020 年 11 月第 1 版	印　　次：	2020 年 11 月第 1 次印刷
字　　数：	300 千字	定　　价：	68. 00 元

ISBN 978 -7 -5130 -7257 -1

序：边行动，边学习

中国生物多样性保护与绿色发展基金会秘书长　周晋峰

一个人一辈子都在学习和求知的过程中。只是有些学习的场合，是明场，在那些"正规"的办学场所；有些学习的场合，是暗场，自己都没意识到。古往今来的经验表明，人生最好的学习方式，是边行动，边学习。

我们不妨把学习的方式，分为两类。

一类是先学习，后行动；先求知，后工作。当前的教育制度，采用的就是这样的理念和模式，孩子们从入学的那一天起，就一直在"学习"，直到毕业了，签约工作单位了，才开始正式进入"工作模式"。教育制度这样设计的原因，估计是相信，一个人必须有了足够的知识储备，才有工作的能力，才能破解生命的诸多疑难。

一类是先行动，后学习；先工作，后求知。有很长一段时间，学校的数量无法满足学生的需求，因此，采用考试来进行筛选。在这样的制度安排下，绝大多数人会以为自己此生，只能采用"先行动，后学习"的路径去掌握更多的生命真理。有些人在经济条件好转的时候，不惜出重金、花时间去负笈求学，他们相信这样的后续接力，能够既补充学历上的欠缺，又弥补学识上的遗憾。

好在知识无处不在，学习随时可以展开。其实不管是"先学习，后行动"，还是"先行动，后学习"，本质上，都是边行动，边学习；都是边学习，边行动。生命是一个综合体，行动可以获得知识，知识也可以促进行动。

互联网时代的"同步效应",更是让学习与行动完全一体化了。以前我们要从小学到大学,一步一步地上台阶。那是因为我们相信人的学习能力是有限的,因此知识的供给方式是要按分配来逐级实施的,一年级不能学习二年级的知识;数学专业的人,不能掌握中文专业的通识。这种时间上分阶段、空间上分领域的知识分配方式,被互联网给彻底击毁了。现在的任何一个人,只要掌握一个关键词,最多三分钟,就可以初步了解这个关键词后面所携带的相关信息。在这样的时代,知识搜索工具、信息同步工具、信息再生理念,必将彻底颠覆此前的信息的线性分配和求得的方式。

比互联网更加改变知识与行动之间的关系的,是"行动知识"受到的追捧和认同。国际上流行一个概念,叫"真人图书馆"。这个概念的意思是说,一个人的一生,就是一本书。他的每一个细胞,就是书里的文字。这细胞里潜藏和承载的,就是此人一生用自己的生命随时经历、随时原创、随时展现的"行动知识"。每个人的生命之书都是不一样的,每个人的生命之书都是原创的,每个人的生命之书需要得到及时的"阅读"和"感应",这样才有可能形成"有效传承"。

当互联网把所有已经成形的知识、信息、数据、概念都通通"静态"化之后,人类提取这些静态知识已经没有任何的差序格局,我们真正实现了"在知识面前人人平等"。如果在这样的时代,一个知识分子还甘愿成为"检索机器",把自己当活词典,当活的检索工具,向世界展现自己高超的记忆力和耐久的储存力,展现"头脑芯片"的快速反应与精准的逻辑合成,已经不再会让社会公众感觉到有什么震撼,因此,比拼这样的存储和检索能力,以前没有人能比得过一台电脑,现在更没有人能比得过互联网,比得过大数据,比得过人工智能,比得过"云存储"。

所以,现在人类要展现其独特价值和魅力、呈现其生命意义的所在,只有一种方式,就是行动本身。所以,现在人类如果在知识层面上还有炫耀的价值,只有一种,那就是"行动知识"。

2020年3月23日,中国生物多样性保护与绿色发展基金会(简称"中国绿发会")牵头发起"绿野守护行动"的时候,我们就是秉承这样的信念。我们相信，每一个人只有通过守护行动本身，才能获得自身的守护行动经验。在解决生态环境破坏问题的同时，获得自身的经验积累。

正是因为如此，我们只相信"行动知识"和"行动经验"。这一次，绿野守护行动工作组，会集了一些最近几年的中国民间生态环保行动守护者，以自己的亲身行动和生命经验，提炼出一些经验和案例，这些经验在我看来，是这个时代最有价值的知识本体。

绿野守护行动秉持的是"行动干预，行动求知，行动传播，行动筹款，行动研究"。这五个与生命高度相关的关键词，充分地证明了我们的理念："行动第一，学习同步；只有行动，才有学习"。

2020 年 5 月 1 日

目　录

前线攻略

筹款秘诀

公益视点

周晋峰：普通公众保护生态环境的便捷通道

文/绿野守护工作组

2020年3月23日，中国生物多样性保护与绿色发展基金会（中国绿发会），发起了"绿野守护行动"，并组建了"绿野守护行动推进工作组"。工作组一部分成员负责协调具体的守护行动，一部分成员负责筹款和传播，一部分成员负责后勤、行政、财务、法务等。

目前全国报名参与的人数已经超过百人，有一些机构还表示愿意成为联合执行机构。但很多人还是不太清晰，为什么要发起这个行动，这个行动如何具体推进，这个行动所需要的资金如何筹集，这个行动的成果如何呈现？

为此，2020年3月31日，绿野守护行动工作组传播小组，专门访问了中国绿发会秘书长周晋峰博士。他从六个方面全面解说了绿野守护行动的意义和价值，也对大家所关心的问题作了明白晓畅的解释和分析，对绿野守护的未来方向提出了很有价值的展望和建议。

一问：为什么要发起绿野守护行动

周晋峰博士：我们发起的是一个全国性的、持续性的公众生态环境保护活动，这样的活动当然会有很多目标。

如果简化为两个目标，一个可以从"人"的角度描述，一个可以从"事"的角度描述。

从人的角度来说，我们是想给全国的公众，提供一个非常便捷的参与生态环境保护的通道和平台。过去，有些人以为生态环境保护，有政府、有企业、有科学家、有生态环保职能部门、有法律法规、有媒体、有专家，有律师、有这个有那个，公众完全可以不必再参与了。但是反过来一想，中国虽然有各方面强大的力量，为什么生态环境还有那么多的污染和破坏？这说明光靠这些人或部门还是远远不够的，必须有公众随时随地积极参与。

从事的角度来说，生态环境保护涉及方方面面。有些事，政府可以很好地处理，有些事，公众先发现、举报之后，政府才处理。有些事，媒体可以来报道，但媒体报道是需要先有事情才有可能来报道的，那么，公众就很有可能成为这个事情的从事人。有些事，法庭可以作出很有利于生态环境的判决，但判决不可能无中生有，得依托于案例，那么，公众发起的生态公益诉讼，就有可能成为影响深远的案例。有些事，公众的自发性和自觉性，会引领社会的潮流，比如自然观赏，比如生态摄影，比如生态美学的传播，比如零废弃家庭的实践，这些基于人性自由、基于个人行为、基于公众独立表达的，只适合公众来率先参与和行动。

二问：中国绿发会感受到的公众参与生态环境保护，有什么障碍和困难呢

周晋峰博士：我是在 2014 年年底到中国绿发会工作的，到现在有五年多的时间了。在这五六年里，感受到的障碍，主要有三个方面。

首先是意识层面。很多人以为生态环境保护是其他人的事，与自己无关。其实我们只要去查看中国的法律就知道，法律鼓励公众参与生态环境保护。但是，有些职能部门的人，却以为公众不应当参与生态环境保护。不知道公众参与既是一种权利，也是法律赋予公众的职责。

其次是技能层面。参与生态环境保护需要很多技能，包括对自然物种的认识，包括环境污染的基础知识，包括对法律法规的熟悉和应用，包括对政府各职能部门的对口业务的了解。

以上还只是常识部分，更重要的是一个人面对一个尚未被揭示出来的污染事件，一次尚未被觉察的野生动物伤害，如何通过自己的努力，让更多的人参与进来，让问题得到最稳妥、最快速、最友好的解决，这种只有通过实践才可能逐步拥有和积累出来的"技能"，是很多公众不容易掌握的。而要掌握这个，办法就是很多人一起做，互相感染和传授，持续地做，让自己越来越有心得。

最后是资金层面，这需要非常详细地剖析。公众参与生态环境保护的资金，到底该怎么来解决。

三问：中国绿发会准备怎么保障各地公众和环保组织的资金需求

周晋峰博士：诚实地说，中国绿发会在资金方面一直不是特别有优势，但这一次，我们在筹款方面会有实质性的突破，让资金也成为中国绿发会的优势。

我们的理想，是中国绿发会这次能够给每支报名参与的团队，提供20万元左右的"非限定性"的资金支持。如果全国每个省、市、区按照一支团队来计算，那么，就需要至少募集到600多万元。如果按照两支团队来算，就至少需要1300万元左右。加上我们自身全职参与团队的资金需求，可以计算这一次我们的资金募集任务有多明确。

资金不是一次性募集到的，而是边做边募集的。我们会想办法筹集第一笔启动资金，支持行动起来的团队。然后通过这些团队的有效成果，去说服更多的捐赠人支持我们，继而募集到第二笔、第三笔、更多笔的资金，用资金启动项目和行动，用行动的鲜活成果募集更多的资金，如此循环，持续拓展。

资金也不是只采用一种方法募集到的。我们会上线很多人能马上想到的互联网众筹，但我们也知道，互联网众筹发展到现在，虽然很便利，但在全国所有的公益资金募集量中，仍旧只占不到 3% 的份额，更多的资金，还是从线下以各种方式筹集到的。我们当然也要掌握这种线下筹款的能力，组建专门负责线下筹款的团队，去面对面地游说，去一个捐赠人一个捐赠人地拜访，去一次又一次地展示。

资金也不是只有我们筹款团队来募集的，我们也鼓励各参与伙伴自己组织筹款力量，掌握更多的筹款技能和方法，去募集资金。中国绿发会将会组织更多的培训和协助，帮助更多的志愿者和环保团体，掌握更好的筹款技能。我们要打破那种"我筹款你干活"的思路，而要变成大家一起筹款，一起干活。我们要打破那种把生态环境保护工作只当成案例去解决的思维，而要把案例解决的过程，同时也变成筹款、传播和团队能力训练的综合过程，转变成公众发动和社会联结的综合过程，转变为环保人士让公众可信任、可依赖的过程。

四问：中国绿发会这次"绿野守护行动"，与全国其他类似的行动相比，有什么特点呢

周晋峰博士：我最近就这个问题问过自己，我们凭什么发起这样的行动呢？我们的优势到底是什么呢？我们能在这个行动中贡献些什么呢？总结起来，大概有三个吧。

第一，我们不是一个"摘桃子"的机构。所谓的摘桃子，就是把伙伴的成果算成我们中国绿发会的成果。我们是送营养、送支持、送信任的机构，我们中国绿发会有什么，就愿意把拥有的输送给伙伴们；伙伴需要什么，我们也马上响应去想办法。报名参与绿野守护行动的人，并不是由此就成为中国绿发会的人，而是成为愿意接受中国绿发会的支持的伙伴，如此而已。一切成果和成就，都是伙伴们的，都是生态环境的。

各地伙伴们取得了好的保护成果，我们会由衷地为之高兴；各地伙伴们有困惑和烦恼，我们会一直来帮助破解和解决。各地伙伴们受到了不公平的待遇，我们也会及时出面协商和帮助。每个守护绿野、保护生态的人、团队、机构，都是独立而自主的，都应当得到各种社会资源的支持，

我们中国绿发会只是积极参与支持的一种小资源而已。

第二，我们是一个综合支持的能力成长平台。中国绿发会是1985年成立的，发展到今天已经有三十多年了，多少积累了一些资源，一些经验，一些卓有成效的工作方法。这些资源、资金、人脉、社会信任、工作经验和方法，我们都愿意分享，所有参与绿野守护行动的各地伙伴，都可以免费获取。你越愿意利用中国绿发会，你得到的会越多。

当然，我们也想由此创造一种风气和氛围，形成大家互相帮助，积极分享的习惯。能够主动参与生态环境保护的人，非常难得，我们要互相珍惜。每个主动参与生态环境保护的人，所获得的经验，都非常珍贵，值得学习。每个人遭遇的困难，都值得大家一起协同去解决。

第三，一切为了生态环境保护的意识，团结共创。我们在从事生态环境保护的过程中，肯定会有各种各样的见解和态度。这也是人的多样性的天然呈现，是必然的。但不管你有什么态度，你有什么方法，你有什么经验，都不应当成为阻碍我们参与生态环境保护这个主题的障碍，更不应当引发我们内部个体之间的冲突。因为需要做的事太多，我们要把能量都用到解决问题上去。因为需要做的事太大了，我们的那点见解和经验，根本填补不了多少空白。因此，我们会一直倡导和引领参与伙伴的团结和互信的意识，时刻提醒伙伴们，什么才是我们参与这个活动的真正目标，我们的能量要永远朝着目标而去，而不要朝着伙伴而去。

五问：公众参与这个活动，有什么入门的指引吗

周晋峰博士：我们在发起这个活动时，就同时发布了一个非常简单的《绿野守护行动指南》。指南里有十条基本方法，建议报名的伙伴都先去了解一下。

当然，光有这个简易版本还是不够的，我们正在编辑一本更详细的《普通人怎么保护生态环境》这样的经验和案例集，目前已经收集了几十篇有效的经验，正在进一步编辑和优化，补足和丰富，预计1.0版本会在最近推出，届时会免费开放分享给所有的参与人。

在我理解，最好的入门指引，是自己的行动。你只要真正去参与一件事，你就会发现知识会像清新的空气扑面而来。很多人没有知识不是因为他没上过学，而是他一直没有好好参与行动。绿野守护行动的关键词，在我理解，还是行动。行动是一切知识的来源，行动也是一切智慧和成果的来源。我们编写的那些入门指引，我们提供的那些支持协作，目的只有一个，就是鼓励所有的人，放下成见和障碍，看到生态环境有需要你出手帮助的地方，马上就去行动。只要你行动了，我们的支持也就会迅速跟上来了。

哪些方面的行动才是行动呢？在我理解，遇上了环境污染，去试图阻止，这是行动。看到了野生动物受到伤害，去努力解救，这是行动。回到了自己家乡，想要帮助家乡建设成为生态村、生态社区，这是行动。同样，帮助我们的民间环保人士筹集资金，也是行动。帮助我们的民间环保人士转发他们的理想和信念，让更多的人看到，这也是行动。给孩子们、给对自然陌生的人讲自然环境的美好，这也是行动。可以说，行动无处不在，行动无所不能，任何人都可以找到一种适合自己起步的行动。

我们也相信，只要给以足够的时间，每个行动者都会自我发展、自我演化，自我升级。因为，所有来自内在自发的力量，都是这个世界最强大的力量，都是这个世界最有生机的力量，都是这个世界最美好的力量。我们会一直赞赏这样的力量的展现，我们也会一直支持这样的力量得到充分展现。

六问：您能否再给我们绿野守护行动展望一下未来的发展方向

周晋峰博士：我们做一件事，就像一棵树在成长。小树有可能长成参天大树，也可能长成一片灌木丛林。参天大树有参天大树的生态价值，灌木丛林也有灌木丛林的生态价值。重要的是我们在行动中与解决问题一起同步成长，而不必在乎自己一定要长成什么样。更不要限定长成这个样子才是成功，长成那个样子就是失败。

中国绿发会的创始基因，是做生物多样性保护的。我们很清楚，大自然的每一个物种，都有它的特色和价值。人类社会的每一个生命，也都有他的独特价值。我们做的每一件事也是如此，我们采用的每一种方法也是如此。因此，我们一定要以生物多样性的视角，以"地球是彩色的"思维，来对待我们的事业，来迎接我们的伙伴，来融合各种社会资源。

具备了多元世界、多彩人生的基本思维，我们就会相信，所有的行动都有它的价值，只要你在持续，只要你的伙伴在持续，就一定会有好的结果。我们要树立这样的信念，我们要用这样的信念来鼓舞自己，来鼓励伙伴们。我相信绿野守护行动会做得很长远，会做得很丰富。

周建刚：做绿野守护人，需要成为"智多星"

文/绿野守护工作组

绿野守护行动副总指挥、彩色地球发起人周建刚，投身于研发"穿山机甲滑模机"，并创立了自己的公司。这款源自工地上的发明，目前在市场上非常走俏。周建刚又重新进入了"忙不过来"的全勤工作模式。即使你一生只做一件事，假如做得非常用心和深入，你也会忙到根本停不下来。

他说，我经营商业这么多年，这两年，是真正体会到了一个新潮流，那就是纯粹的"以市场论英雄"。以前我们多少有些相信，要靠资本，要靠特殊的资源，现在来看，只要靠自己，靠勤奋，靠努力，靠每个人生来具足的智慧，就完全能够做得很好。公平的市场，给了每个人无穷的机会。

我们绿野守护工作组，没有直接到云南进行面对面的专访，我们只能选择远程通话的模式，向他请教了一些真经。

请教到最后，周建刚给我们提了三条建议。他说，我们发了那么多的攻略，积累了那么多的经验，总想赶紧把它传授给新来的人，以为新来的人，需要这些前辈总结的好经验，其实不一定。经验能够给人一些信心，但如果这个人一直不肯行动，那么，这些经验也不会自动"赋能"到他身上。

做公益，其实就是一个字，"动"

周建刚说，我的本职是一名商人，为什么也会这么热衷于生态环境保护？其实就在于一个字，动。

环境被污染，是大家都知道的事。问题在于，有人看到了，心动了；有人看到了，心则根本不动。

人的心动是有选择的。有人看到了垃圾心动不已，有人看到了污水心动不已，有人看到了野生动物被杀害心动不已，有人看到了森林被砍伐心动不已。有人因为自己家乡遭受了污染心动不已，有人则看到了自然界被戕害而心动不已。

不管你因为什么而心动，你都有可能从此进入环保公益之门。因为这时候，你不再只关心自己，你开始关注大地的伤口，关注天空的雾霾，关注野外的生命，关注河流的命运。

心动了，当然接下来的，就是行动。心能指挥行，行反过来，也能引导心。心行相依，心行互动，一步一步让你在生态环保公益的道路上，越走越远，越走越有只属于你自己的经验。

当然，有些人心动了，也不一定马上行动，他们还在等。不知道在等什么。从外在上看，等政府，等专家，等技术，等领导，等记者，反正，一直在期望他人，却没想到，只有自己，才是最好的"救世主"。

保护环境，还要有"协商能力"

生态环境涉及每一个人，可能也正是因为如此，很多人都对它没有感觉。当一些有感觉的人开始由心动而行动之后，工作方法的有效性就非常重要了。

在所有有效的工作方法中，有一个方法很重要，就是与当事的几个利益相关方，能够进行有效的协商。

改善生态环境就是改善民生，做生态和环境保护的公益人出现之后，生态环境保护从此有了"利益代言人"：有人替它们说话，有人替它们出头，有人替它们主张权益，有人替它们谈判，有人替它们协商。

在以前的"利益谈判桌"上，很少有生态环境保护的代表。很多人胸前别着生态环保的名片，其实代表的仍旧是经济利益的那一方。一些科学家也是，他们早已经被商业的资源所笼络和购买。所以，生态和环境保护，一直期待有独立的、意志坚定的一支团队，能够成为自己的真正的"生命共同体"。

现在，全国乃至全球，更多的人在关注生态环境保护。中央政府更是把生态环境保护作为一个重要的政治任务，生态红线不可逾越，绿水青山就是金山银山已不是一个口号，而是使命。这是一个很好的、千载难逢的机会，我们的守护人志愿者应更加努力拥护中央的精神，更多地与环保相关执法部门形成有效联动，更快速、有效地把多方力量集合起来保护生态环境。

周建刚观察到，最近这几年，生态环境保护的群体中，有能力、有智慧的人越来越多了。这样，在有勇气、有毅力这个基础之上，帮助生态环境到谈判桌上说出有分量、有见地、有水平的话的人，就越来越多了。生态环境保护不仅需要真正的代表，而且需要真正有能力的代表。这样才可能与其他势力，进行有效沟通和协商。

绿野守护，要有"智多星"气质

我们从新闻上看到，2014年年底，周建刚就开始计划举报江苏靖江毒地案了。

为了能成功举报，同时还能保障自身的安全，周建刚考虑了很多方案。这些方案现在看起来，都是必要的。如果当时不设计得这么精细和用心，可能在随便一个环节，就功亏一篑了。有些事，不能回想，回想起来，反而让人后怕。

用靖江毒地案的经验来看中国当前的民间生态环保行动，周建刚有一些独到的建议。他认为，有很多案例，做得太浅。有很多行动，做得缺乏谋篇和布局。

显然，有很多案例，还是属于仓促应对型。

显然，有很多案例，还是属于率性而为型。

2020 年 3 月 23 日，中国绿发会发起绿野守护行动时，邀请周建刚担任副总指挥。他说，我愿意尽我所能，提醒所有的绿野守护人，在今天这个时代，要想保护生态环境，除了持续用力之外，必须在智慧和谋略上，要有所升级。

民间的环保行动者，有热情，有灵性，如果能够在智慧和谋略上，在手法和技巧上，有更好的应用，那么，展示出来的魅力，一定会让很多人惊叹。

智慧和谋略在哪里？当然不体现在空想和瞎说上，只能用具体的倡导和行动来表现。就如一个商人的智慧，必须集结地体现到他销售的商品上。

周建刚认为，接下来的很长一段时间，考验生态环境公益人的，不再是你心动不心动，行动不行动，更重要的考验是，你的技能如何，你的智慧如何。

你如果不是一个智多星，估计这个活儿，有可能你做不动了。因为，时代不一样了，社会的其他领域，正在全面智能化。

林启北： 做公益就要做真公益

文/绿野守护工作组

绿野守护行动总协调人之一、新公益发起人林启北，一直觉得自己是个"可爱"的人。他说，民间公益是一个可爱的事业，我愿意一辈子都从事这项事业。2017 年，林启北全身心投入这门事业之后，他发现，公益人只有破除了这三个心魔，才可能把公益做得越来越"可爱"。

一、资金关

民间公益行业，一直在说有三座大山，一是注册难，二是筹款难，三是人才停留的时间短。

以上这三大难题中，筹款困难、资金匮乏是民间公益环保事业的长期困扰。

林启北发现，有很多民间环保公益人或者民间环保公益团队，因为经不起资金的冲击，承受不了资金所带来的那些"压力"，导致原来好好的团队迅速瓦解，原来好好的情怀迅速崩盘。

在应用资金的能力方面，有时候，民间公益行业比企业要差得很远。

环保志愿者团队，起步的时候，往往是用自己的资金来主动开展的。

随着业绩的升起，受到了各方面的重视。这时候，就有可能获得一两笔"小额资助"。小额资助的钱，多的也就几万元，少的可能就一两千元。

但就是这"团队第一笔钱"，往往就会把团队给击垮。基本上讲，所有的团队都会在第一笔钱到达的时候，出现内讧和分崩离析的现象。而大家争闹的原因，居然都是"我们不要钱，我们不在乎钱，我们没钱照样可以干得很快乐"。

林启北认为，公益本质上是花钱的智慧。一个民间公益环保团队，必需有敢筹款、能花钱的能力，把钱花得效率最高，产出最好。如果这个能力欠缺，那么，唯一的办法就是多多地练习，持续地筹款，持续地花钱，持续地透明公示。堂堂正正做公益，明明白白做公益。

做公益，一定要有资金的支持，而且这资金，一定得是社会的资金。林启北认为，如果一个民间公益环保人，只知道动用自己的积蓄，那么，这个公益环保人是不合格的，是走不长远的。而要想发动社会力量来参与，让更多的人成为保护的共同体，民间公益人就要掌握公益资金的运用技巧，就要有善用公益资金的能力，就要渡劫一般地渡过资金关，通过面向社会持续筹集公益资金并持续使用，健全自身的综合能力。

二、区域关

很多公益人以自己的家乡为荣，为守护自己家乡的方寸山河为荣，这当然是非常珍贵的、难得的。因为，假如每个人的家乡都有人守护，我们就不必去守护其他人的家乡了。

但家乡其实是无边界的，放大了生态领域，生态更是无边界的。你没法说太阳只照耀你家乡，你也没法让河水在你家的小河里停滞不前。地球的生态系统之间互相关联，又持续而大尺度地循环，这样才可能有永续的动力，才可能生生不息。

因此，一个公益环保人，要有非常好的守护本地乡土的能力，但也要有关注全国甚至关注世界的胸怀。公益姓公，公，就有天下的意思。天下，"乃天下人之天下"；天下，是"为天下"的天下。

比如，穿山甲保护，穿山甲的活动踪迹是不会受人类的"国界线"影响的，印度的穿山甲，会通过国界线跑到中国来，中国的中华穿山甲，也可能到印度去。如果我们持狭隘的乡土观念，就可能只关注中华穿山甲，而不关注马来穿山甲、菲律宾穿山甲、印度穿山甲，更不会关注非洲的那些穿山甲的命运。

再比如，候鸟保护，绝大多数鸟类是"迁徙"的，如丹顶鹤，冬天在江苏盐城一带越冬，春天就飞往东北的黑龙江齐齐哈尔一带繁殖。如果我们只保护越冬地，而不保护繁殖地；如果我们只保护了越冬地和繁殖地，却不对他们迁徙路上的"站点"进行守护，也是成效不大的。

还有一个区域是人类的狭隘中心主义，如东方白鹳，在人类高强度开发的情况下，它们不得不选择在高压线的电线塔柱筑巢。而人类害怕高压线出现危险，就有可能驱赶它们，让它们无处生儿育女。这时候，我们就要想办法，要么允许它们使用，要么给它们建设替代的筑巢之地。

北京昌平，有一处建筑因为用了大块的玻璃幕墙，导致路过的鸟类以为那是天空，结果纷纷撞上，死去。这是典型的人类中心主义作祟，忘记了考虑生态系统其他小伙伴的感受和需求，导致设计出了这样看上去很美，其实却很凶残的杀手型建筑。再比如，剧毒农药，用来杀虫，但同时也是鸟类和兽类的致命威胁，人类就需要"整全设计"的思维，让生态环境的风险降到最低，绿野守护人也要有宏观的生态意识，让自己的行为更接近于真正的生态理念。

三、团队关

林启北说，我们观察国内民间环保公益，还有一个很突出的障碍就是很难形成团队。

有些人是"超级个体"，但他身边根本"沉淀"不来一起持续创业的人才。有些人似乎天生就抗拒与团队一起合作。有些人则对团队协作充满厌恶，事情还没做多少，团队内先是互相恶意评价得不可开交。

林启北说，我们有时候也觉得，或许这是民间公益环保界的宿命或者规律吧，民间公益环保界适合的就是单打独斗？因为当一个人处在孤立无援的状态时，这个人确实有可能发挥出最大的能量和效率。

但如果用一个人事业的生命周期来看，那么，成立团队就是必需的了。有一句话很流行："一个人可以走得很快，一群人可以走得很远"。其实我们观察到的现象，并不仅仅局限于快和远的差异，一个人可能偶然在一两个案例中表现杰出，但接下来在很长一段时间内会沉沦。也就是说，如果用一生来对一个人进行绩效测量，其平均效能并不高。一个人可能某个案例做得很尖锐，但从"精美度"来说，其实是不够精致和美好的。因为人类的行为也是一种可欣赏和观察的"作品"，要遭受来自社会方方面面的考证和议论。

林启北认为，一个民间的环保公益人士，必须有团队发展的能力和意识。发展团队不仅意味着自己的能力输出和推广，更意味着对自身习性的改良，对自身缺点的优化，对自身盲区的点亮。因此，与团队一起共同前行，就意味着让自己的身心内外综合发展，持续破除障碍。这是多么美好的事，我们的团队越强大，我们能解决的社会难题越多，我们自身的生命也得到了更好的健全和提升。"所以，我是见到任何民间公益人，都会很急切地劝说他们，一定要有团队，分工合作，共创同行。"

做公益就要做真正的公益，做环保就要做真正的环保。做绿野守护人，就要做真正的绿野守护行动人。

公益资产运营时代来临——新共益真伯乐

文/林启北

这些年，我们团队用我们的公益理念，"融合"了不少公益团队和资助，并且协助他们进行机构运营、筹款、传播等工作。

总是有人问我们，你们这样做收钱吗？我们回答不收钱的时候，他们总是又要追问我，那你怎么生存？我就回答他们，我们会运用他们的公益成果进行再筹款，我们的工作目标，就是帮助这些有使命、有公益生产力的组织推动使命，继而达成我们自己的使命。

在我们看来，这些组织原有的积累，就是非常丰富的公益资产。这些资产在我们心中是非常广阔的，包含使命、价值观、人力资源、历史成果、资金、场地等一切虚拟或者现实的"东西"。而这些东西的超卓价值，并未被社会公众所认知、所看见、所获取。

中国的公益行业尚未真正繁荣，有着非常多的未知空间、非常丰富的可开创新领域，增量的前景非常广阔。但中国的公益行业，毕竟也走过了足够多的年头，有着足够漫长的历史，无论是官方公益资产、企业公益资产，还是民间草根公益资产，都有相当雄厚的积累和沉积，因此存量的体积也不容小觑。

因此，有必要在这个时候，提出公益资产运营的概念，呼吁更多的人加入公益行业，对已有的公益资产存量，尤其是运营不足和展现不足的公益资产，进行优化和激活。

新共益试着从个人公益资产、机构公益资产、社会大公益资产三个层面，进行初步的分析，希望这样的分析，能够触发更多的人关注和思考。我们也愿意依托此前几年获得的一点儿经验，去参与更多的公益资产的盘活与运营。

一、"个人公益资产"管理

很多人做公益，只是阶段性的。但即使是这阶段性的时光，也给这个人积累了一定的公益资产。有些体现为经验方式，有些体现为组建机构，有些体现为项目，有些体现为团队。中国公益一直在低水平重复，原因之一是参与的人稍微获得经验后就退出，其公益资产并未得到传承和弘扬放大。

由此就需要一个非常强大的公益创业人，或者说公益人的社会支持体系。这个体系就如一个生态系统，如果一个公益人是种子，那么，服务这些种子得以发芽、茁壮成长的，就是阳光、雨露、土壤、河流。

拿商业体系来对比，商业创业者的注册、孵化、融资、技术、法律、宣传、文化、策划、管理、营销、培训、研究等支撑服务体系，是非常丰富的。一个商业创业者的成长过程，也是与这些支持体系充分交融的过程。

而公益行业就没有那么幸运了，整个公益行业的辅助体系还非常单一和薄弱，极少数的参与者能给出的支持能量，也往往并不是真正从需求者的角度出发，很多是基金会自己拍脑袋决定的。所以造成这些支持的能量，很难真实地作用到这些公益行业的个体中。

公益行业需要有充分服务精神的"服务公益人的公益人"，这样才可能让公益人的个人资产得以积累和延续，有了足够的积累和延续，个人的公益资产才可能成形，也才有了传承和放大的价值。

每一个公益人的创业状态都是不同的，这样的支持体系必须快速、敏感地捕捉到这个公益人的真正需求，主动贴心地为公益人提供其需要的服务。这种服务不仅仅是一种口号，而是真正涉及其从使命到实际业务流程，乃至绩效反馈的全过程。如果没有整体服务链条的产生，那么这种服务必定是昙花一现。而获得了这种真实服务的公益人，才可能提升其公益生产力，并且长足地延续其公益行业生命力。

从这个意义来说，在不需要增加公益新人的前提下，整个公益行业的资产就会成倍地升值，整个公益行业的个人公益资产就会得到有效提升。而依据我们此前的调查，大部分公益人的公益工作饱和度是严重不足的，有效的公益资产管理服务，可以提升公益人的工作饱和度，并增加其公益产出的幸福感。我们团队笃定地朝着服务公益行动者的方向持续发力。

二、"机构公益资产"管理

按照那些统计数据，中国的公募基金会、非公募基金会、社团法人、民办非企业、社区备案登记的公益团体、大学团委管理的公益爱好者社团，据说加在一起，也有几百万家之多。公益行业的从业人员，少说也有几百万人。

统计数据越大，表明中国的公益机构的资产沉淀得越厉害，有很大一批公益资产，甚至已经呈现负能量的经营状态。公益行业无法套用商业的亏损、破产的理念，只能从经营状态来形容。

中国有将近一万家基金会，真正从事资助的基金会不到1%❶。而如果一家基金会不从事资助，基本上可以判定，这家基金会没有活力，处在静态运营的状态。

中国有几十万家民办非企业，虽然绝大多数的民办非企业，都不是真正意义上的公益组织，只是企业类型的"民办事业单位"，但至少有将近10%的机构，注册时的发心和愿望，还是要做公益的。就在这几十万家的

---

❶ ［对话］宁可自己做项目也不愿资助？听基金会怎么说（上篇）［EB/OL］［2019 – 12 – 12］. http：//www. chinadevelopmentbrief. org. cn/news_ 23605. html.

民办非企业中，目前真正在运营并且有一定活力的，估计也不到10%。

至于社会团体就更值得玩味了。中国的社会团体，多半是退休人员和高级企业家的俱乐部，或者是某个类型的爱好者、同类型专业人士的集中营。这样的机构有着公益的面目、穿着公益的外衣，实际上却很少有公益的作为，不少社会团体已经沦落为某些把关人谋取个人利益和开展政商社交的化装舞会。

在这样的情况下，如果一位有能力的人管理某个社团，把这个社团经营好，将发挥其无限大的公益潜能。

中国的公益事业有其特色。如果说，1949年以来，中国在工业和商业上的布局，非常严密和周全的话；如果说，1949年以来，中国在媒体、教育和科研上的布局，也非常严密和周全的话；那么，可以说中国在公益行业的布局，其实也是相当的严密和周全。

如果我们仔细地去研究任何一家政府的职能部门，就会惊讶地发现，里面可能都有协会、学会、基金会、促进会这样那样的机构配备和人事安排，甚至资金也是每年都预算和调度好了的。

而中国过去四十年的经济发展，也让很多企业、企业家注册了数量庞大的公益机构。同时，在社会的基层，也有很多人因为不堪忍受自己亲眼所见的各种难题的困扰，而自发地出来成立、运营着一大批草根公益团队。

但无论是哪个类型的公益团队，其公益资产都有非常巨大的增值空间。由于很多公益人的学习能力不足，解决社会问题的意志不坚定，让他们注册或者运营的公益机构，也基本上在五年的热烈期过去之后，就进入了衰退期甚至僵尸期。

废墟不可重建大厦，老树很难开出新花。但只要这座建筑还没有倒塌，就还有重张开和再启航的概率。只要这棵树还没有完全枯死，就还有可能继续吸收营养，开花结果。

因此，对这样的机构型的公益资产，进行有效经营和管理，也正在成为中国公益界的一个新潮流。某种程度上说，中国公益已经不再需要注册新的机构，只需要对已有机构进行良好的新能量注入和新管理激发，就有可能产生成倍的公益新生产力。而新共益在这方面已经做出了初步探索，尝试选择性地运营公益机构资产。

三、"社会大公益资产"管理

社会之所以存在公益，有两个原因。

一是因为社会无论发展到哪一个阶段，都有其受害者、牺牲品、边缘人群、权利未得到重视的群体，都有当时社会所无法解决的问题，或者由当时的社会所创造、生产出来的新问题，都有当时的社会主流难以面对、甚至故意遮挡的、因此迟迟不可能得到合理展现的"公共利益"。

二是因为社会上的每一个人，生而为人，都有公益慈善之心。这些公益慈善之心，随时都愿意在遭遇到合适的机遇时，在得到自己心仪的"公益消费品"时，迅速投身到公益的生产和流通中。

而当前已经存在的公益机构和公益人，时时感觉到非常苦闷的是，整个社会对公益似乎是冷漠的、是忽视的、是极偶然的机会才愿意参与的。

这个问题的存在，原因推究起来，其实与公益人的进取心和业务活动量不足有关，与公益人提供给整个社会的公益消费品的数量和质量有关。

任何一个行业，都应当为社会提供只有这个行业才能提供的产品和服务，只有这样，才可能吸引和席卷社会公众的注意力和消费力，才可能培育出整个社会的消费习惯和良好风气。

公益作为人性中非常旺盛的存在，本来是可以展现为非常强大、丰盛的公益能量的。但可惜的是，由于公益行业自身提供的公益服务数量和质量严重不足，导致了整个社会的公益能量得不到合理释放，而成为静默的积存，甚至成为公益前行的障碍和反作用力。

要改变这个现状，只有一个办法，就是公益机构、公益人提供越来越多的公益消费品。

公益从纯度来区分，有百分之百的纯公益，有百分之一的不纯粹公益，从一到一百，还有至少98种变量和变体。这些变量和变体，都有可能呈现为一种或者多种的公益消费品。只要我们承认和欢迎不同类型的公益表达方式，只要我们按照自己的喜好，去挑选自己的公益消费品，并对其他类型的公益消费品，表达出足够的宽容和理解、支持与接纳，我们的整个社会，就会发展出非常繁荣的公益消费市场。

一个市场，是由多方主体构成的，其中最关键的主体，当然是销售方与购买方，或者说，消费的提供者和消费的享用者。我们有无穷大的公益消费者，但公益的消费品提供者，公益消费的服务者，数量却远远不足，严重稀缺，完全处在公益的卖方市场时代。这也意味着，当前正是公益行业发展的巨大风口。有识之士，有志之志，有德之士，有才之士，应当赶紧投身过来。

新共益团队成立之初的使命和目标，就是为整个行业探索出新的"公益消费品"。在我们看来，整个公益行业中有大量的项目，其实已经成为公益消费品了。我们需要做的是如何让其取得平衡。

我坚定地相信，公益行业是一个拥有无穷多机会的行业。因为社会问题无法完全通过政府和商业解决，亟待我辈中人努力。而且中国的经济发展，孕育了一大批需要公益来满足自身精神需求的公众。

最关键的是，这个行业还非常原始和初级。原有的行业中坚缺乏新意，而新的力量尚未完全站出来，我们愿与所有致力于中国公益行业进步的伙伴一同前行。

新共益团队持续招募所有致力于公益行业发展的全职人员。以你的喜好、天赋、能力为你设计岗位。我们不会提供有"竞争力"的薪酬。但是绝对提供与你的公益成果匹配的薪酬。

什么样的水平能当省级"绿野守护长"

文/绿野守护工作组

2020 年 4 月 10 日，华北环境保护前线负责人高琼，在绿野守护全国志愿者群里，讲述了他"经营"这个团队三年来的心得。

他这三年的宝贵经验和心得，在我们绿野守护行动工作组看来，最值得汲取的精华有三点。

一是要建立广泛的统一战线，团结所有能团结的人

我们的对手是环境问题，而不是某个人，因此，在解决问题的过程中，一定要联结和转化所有的人。因为人人都愿意生活在美好的生态环境里。

二是要有渐进的工作发展思路

有些事一开始特别想做，但团队的能量没到达时，只能忍一忍，把能做的先做好。持续组织巡护是最容易的，可以最先做起来。只要开始了巡护，社会公众就会关注到我们的存在，就会把更多线索告诉我们。在巡护

过程中，发现的问题，有些能够马上解决，有些则可能需要等待时机。

三是核心成员、团队骨干，自身要做好充足的准备

不管是环保前线调查、与媒体联动，还是与有关部门联动，自身都要有扎实的基本功，通过精心的采访、拍摄、踩点、布局等，把证据、排兵布阵方法，都准备充分。这样既有利于媒体和有关执法部门的介入，又能够保障自身的安全。

很多急于参加绿野守护行动的小伙伴，听完高琼的分享后，马上就抛出了一个火辣的问题：我们是不是只有达到高琼的水平，才可能成为绿野守护的省级守护长？

是的，在我们看来，做到了高琼这一段位，担当河北的守护长，顺便兼顾一下华北区域的生态环境问题，我们认为是比较适合的。

如果用高琼作为标准来参照，全国有几个人符合这水平呢？

可能真还不多。

但没关系，我们可以采取很多方法，支持一个绿野守护人无止境地成长。我们有从零到一的孵化能力，也有从一到一百的催化能力。我们有从平凡到优秀的助跑能力，我们也有从优秀到卓越的助飞能力。我们可以帮助一个人成为超级个体，我们也可以帮助一个团队健康运营。

所以，我们给所有的有意愿参与绿野守护人的伙伴，提供了以下五种可能。

（1）如果你觉得你的水平和高琼差不多，你可以报名竞争省级守护长的职位。

（2）如果你觉得自己的水平还有待提升，那么，你可以自己设定自己的范围，比如市级，比如县级，比如乡级。更理想的情况是，你直接参与到某个省级守护长的团队里，成为他们的成员，一起共同守护这个省的生态环境。慢慢练习技能，慢慢养育本领。

（3）如果你觉得直接参与前线守护是比较困难的事，你更擅长在后台协助筹款和传播，那么，你完全可以报名参与到中国绿发会互联网筹款

部，成为这个部门的志愿者，一起为绿野守护人传播、筹款、加油、鼓劲。

（4）当然，你也可以直接参与到某个具体的省市区的守护团队，成为直接协助他们筹款、传播、加油、鼓励的无缝衔接团队成员。

（5）绿野守护行动，还参考了大量的方便公益环保小白入手起步的"守护方圆一公里"入行起步方案。可以从观察、了解自身所在的区域的生态环境着手，开始感知自然生态的存在，感知自然细节的美好，感知自己保护自然生态的意愿在悄悄地发芽。我们将为此组建专门的社群，陪伴你在这个陌生领域的全新认知和体验。

我们也在设计最新的资金支持方式，我们目前采用的方式是流水型的资金补给方式。先给予一万元左右的业务起步资金。一边支持你完成具体的守护行动，获得相应的成果，一边向公众播报，获得公众的支持，进而筹集到更多的资金，边行动、边筹集；边传播、边汇报；边筹集、边传播；边汇报、边行动。

相信这样的方式，一定能够带动更多的人健康愉快地成长。每次行动都能够获得资金支持，每笔资金又能够获得良好的行动成果。个人和团队在行动中获得了真实而全然的成长，你所关注的生态环境问题在行动中得到了逐步的攻克和解决。

要守护中国绿野，做好这五种职业工作就够了

文/绿野守护工作组

我们全然地相信，在我们绿野守护行动的这个社群里，会涌现出一批又一批的民间自然生态保护英雄。所有的风都朝你们的身上吹，所有的能量都供你们调配。因为热爱，一定会有"自驱动"；因为遵从内心的召唤，一定会做出感天动地的守护业绩。我们每天都在期待这些时刻的到来。

我们相信，只需要参与以下这五个岗位，你就可以找到最适合的生态保护入口。

以下五种岗位，无论你选择担当了哪一个，我们都愿意全方位支持你的成长，支持你获得此生最有魅力华彩的成就。

一、省级守护长

最好有三年以上的直接从事民间生态环保的经验。

年龄最好在三十岁以上，因为这样才有足够的社会经验，虽然社会经验的固化也可能成为阻碍因素之一，但社会经验还是会带来比较充足的生命能量和工作智慧。

愿意为了做得更多更好而全力筹款，愿意为了生态环境保护而传播，愿意为了做得更宽广、更深远而与团队共同发展。

如果意愿强烈而有些条件尚且难以满足，那么，愿意接受我们全过程的助力与协同，也有可能获得这个岗位的支持能量。

每年可获得最高 20 万元的"非限定性"的守护资金的支持。

二、在地守护人

可以参与所在省市区的守护长组建的团队。

当然也可"竞争"这个守护长的职责。

也可以只守护自己的村庄、小镇、城市小区，或者某片荒野、某条河、某座山、某个濒危物种。

"守护"是一个动词，要有行动，要有目标，要有成果。否则，就只能叫"梦想"。

每年可获得最高 10 万元的"非限定性"的守护资金的支持。

三、绿野守护工作组筹款成员

为了保证"流水态资助""联动组合资助"体系长盛不衰，能够支持更多的绿野守护人，能够帮助更多的人有信心持续地守护下去，我们绿野守护工作组，需要组建专门的筹款团队。

这个团队成员不设上限，人数越多越好，随时可以报名参加。

我们会进行基本的筹款技能培训，提供基础的工具和通道。同时，鼓励自己创意和研发更多的新工具、新方法，找到新通道和新可能。

我们会依据您每月的筹款绩效，给予相应的报酬。

当然，我们也鼓励你成为志愿者，为绿野守护奉献自己的光和热。

四、守护人团队中的筹款传播成员

当今社会是一个生态群落，每个团队都是宇宙的中心。

我们鼓励更多的伙伴，直接集结到各守护人身边，成为团队中的筹款传播成员。

这样，当守护人开展守护行动时，你可以在后方帮助鼓动和宣传，帮助筹集粮草，帮助获得更多公众的支持。

我们同样会提供筹款和传播的基本技能培训，我们也会提供足够多的筹款和传播通道。我们更鼓励您去开发和探索各种新的筹款和传播可能。我们一向相信，只要去行动了，一定都会有好收成。

我们鼓励各守护人团队以此练习团队协同发展的能力，练习与守护行动相匹配的行政、财务、传播、法律、同频共振的意识。

我们会提供必需的绿野观察的小额费用支持。

五、绿野观察员

如果你觉得自己时间不够。

如果你发现自己意愿不足。

如果你担心自己技能太单薄。

如果你察觉参与绿野守护可能还需要等上一阵。

那么，你也可以从绿野观察员做起。

观察身边"方圆一公里"的自然生态有多么的美好，在你的栖息地里，与一只野鸟、一朵野花、一条野河、一座野山交上朋友，成为知己。

你也可以在绿野守护群里持续观察，看看已经行动起来的守护人，是怎么样开展工作的，他们为什么要这么做，他们为什么要这样写，他们为什么要这么说，他们为什么要这样筹款和传播。

为了激发你的雄心，我们会经常发起"绿野观察员通关挑战赛"，欢迎随时报名参加。

以上五种岗位，以上五种职责，无论你为自己挑选了哪一种，都会获得我们全方位、全生态的综合发展支持。我们是无私的，因为你也是无私的。

2020年4月17日，我们正式启动了针对所有愿意参与"绿野守护行动"的五种岗位的支持计划，欢迎你报名，欢迎你一起来用行动守护中国绿野。我们一向相信，有行动一定有成果，有行动一定有支持。

什么样的教育才是好的 "环境教育"？

文/肖　江

最近有些环保志愿者组织，或者说自然爱好者组织，或者说自然旅游组织，很是高兴，因为 2020 年 3 月 3 日中共中央办公厅、国务院办公厅印发了《关于构建现代环境治理体系的指导意见》，全文第十四条：提高公民环保素养。

环保不仅要进课堂，而且要进家庭，进学校，进社区，进机关，进大街小巷，贴到公路边、铁路边、胡同边的标语路牌上。

人们相信文件的力量，相信新闻报道的力量，相信标语口号的力量。人们以为一切事情只要上了文件、上了新闻、上了墙面，这个事情就实现了，这个难题就解决了，这个教育就完成了。

中国人信奉的 "五行" 学说，道明了世间的万物关系，关系往往有两类，一类是相克，一类是相生。人们习惯性地以为相克是不好的，相生才是好的。人们习惯性地避免冲突和混乱，习惯性地想要安宁与秩序。却不知道，相克，才可能最好地相生；冲突，才可能是最有效地带动社会的变化。

或者说，我们要足够聪明，在该以相生促进相生时，选择相生来作为；在该以相克促进相生时，选择相克来促进相生。

我虽然参与环境保护的时间不太长，才三四年时间，在这三四年的时间里，我看到一个有意思的案例，是"查查学校周边的污染源"。在这些学校里，学生每天都在上各种各样的美好人生的课，老师在教育孩子们要做个好人，要勇敢，要做善事，要做公益，要保护环境，要真诚，要成为社会的良心。但窗外的空气污浊，围墙外的企业烟囱里排放着黑气，管道里倾泻着黑水。学校里的厕所没有人打扫，学校里的垃圾清理后就倒到三十米外的小河边。校长没有觉得这样不正常，老师没有觉得这样需要纠正，学生没有出来就事论事，与问题本身进行一番较真。

在通过行动以"教育公众"的环保组织看来，遇上这样的情况，往往有三种做法。

一是继续在课堂里每周花一小时甚至四小时，给孩子们讲全世界各地的环保故事，讲全世界各地的自然美景。在课余时间还要求孩子们画蓝天，画地球，画美好的家乡，画自己理想中的自然圣境，在一条又一条的横幅上签字表态，写作文抒发环保的真情。但从不组织孩子们做垃圾分类，不组织孩子们巡河，不组织孩子们拜访工厂。

二是在征得校长和老师的同意下，在校长和老师的协同下，组建小小环保志愿者小组，自己动起手来，先把校园的环境卫生弄好，把校园的自然物种认明白，然后走出围墙外，听取污染的小河的心声，接收蒙尘的花草的委屈，在可能的条件下，对河道的垃圾进行清理，对田野里违法捕捉小鸟的网罗进行清理，对排污的企业开展调研，并进厂参观，与企业主和平谈话，沟通改善的可能。

三是在环保志愿者的协同下，对肆意排污的企业进行揭发，对不作为的公务人员进行曝光，对与污染和伤害环境的相关人物开展倡导，争取企业洗心革面，让污染环境、破坏自然的关键人物受到一定的惩治，进而优化自己的行为。而这个过程，也是非常理想的公众教育过程，让大家看到了真相，让大家看到了行动的方法和策略，让大家看到了这样行动所带来的美好结果。

让大家知道，为自己争取环境权益，为自然争取环境权益，为其他人争取环境权益，没有那么难，没有那么凶险，没有那么需要什么专业能力。只需要真诚地面对问题，只需要自己亲力亲为去调查传播和倡导，只需要自己愿意与所有人一起解决问题，去共同促进，一件又一件的环保难题就会得到解决，最终收获皆大欢喜的共同转化和改良的成果。

我们有太多的人沉迷于第一种做法，以为通过讲讲课、写写文章就能解决环保问题，以为把希望寄托在下一代就能够解决环保问题，却不知道环保的真传来自当代人自身的迸发和进取，而永远不要寄望于他人和后代。

少数人也愿意采取第二种方式，这样的方式当然也是好的，至少保证了自身小体系的清净与还原，如果污染和破坏的局势还不那么激烈和可怕，那么这样缓慢地处理而自我改良，当然也是公众喜闻乐见的方式，老师们甚至可以得到嘉奖，校长们也可能由此把学校建设成绿色学校，孩子们也可能因为在行动中，而接受了比较入心入身的环保教育，不至于像撒谎那样成为虚构，不至于像一阵风那样吹过就完结。

第三种是很多人不情愿也不太敢去做的行为，只有率先行动的环保志愿者才可能迈出第一步，进而逐步影响极少数的人。我们在这里看到了一个有意思的悖论，环境污染和伤害的受害者，却不敢成为揭发者和改善者，好像这些污染和伤害是受害者导致的。在这里我们甚至可以推导出一个理论，不是"哪里有压迫，哪里就有反抗"，而是"哪里有反抗，哪里就压迫"，对于相克和冲突之后的报复、邻居亲友同志对报复的恐惧，导致了太多的人面对环境污染和伤害没有任何的作为，只能默默地承受，拿自己的生命作为消解体和牺牲品。我们可以不为环境正义而牺牲自己，但我们总可以为自身的权益而努力撞墙，可惜的是，人们宁可吸着污染的空气而死，也不敢去拿起法律的武器，拿起所有公民都具有的基本技能，拿起社会通用的工具，去给自己的环境权益争取行动输送一点点的能量和勇气。很自然地，也就无法成为"环境教育"的典型和现身说法的教材，也就成为环境教育的服务对象。

因此，真正的环保行动者，唯有持续地努力。越孤独、越无助，越有可能成为公众环保教育的"现实教材"，给更多人以勇敢的输送，给更多人以技能的示范，给更多人以绝望之时的希望。

公益环保的好处，是清理了社会的淤积

文/萧　江

我大学学的是法律，那时候以为法律可以解决一切社会冲突。这几年到现场作了一些调研，又跟着伙伴们参与了一些案例之后，才发现公益环保的那些秘密。

比如说，公益环保的第一个大好处，其实不是帮助到了"弱势群体"，也不是实现了"社会再平衡"，而是帮助清理社会淤积，让其舒筋活血，从而保障其身体健康。

最近看一些统计数据，说整个世界，正在出现"颠倒梦想"的趋势，我们如果去观察中国的城市，也会发现一个趋势，就是城市里过度消费的人数，似乎超出了消费不足、物资贫困的人数。

这也意味着，如果在当前的中国要做公益，"弱势群体"已经反转了。最需要帮助的人，是那些吃得过多的人，是那些买得过多的人，是那些用得过多的人，是那些住的房子过大的人。

最近有幸听了一位国学老师的课程，他说有很多企业家，在创业的时候，住的是小房子，聚气、生财、人努力，所以多少都发了点财。而一旦发了财之后，就去买大房子，就去买大量的豪车，结果，导致身体难以支撑这些豪宅贵车的能量，导致身体耗散得过度严重，身体出现了很多毛病，家庭也出现了很多纠纷。而究其原因，不是因为占有的财物过少，而是因为占有的财物太多了。不肯与他人分享，心机全用来防范社会，结果，首先害惨的是自己。

中医有一种派别，叫"扶阳派"，这个派别的人认为，人的身体之所以淤积，是因为阴气太重，导致"阴成形"，要想化解这些阴积之物，就需要大量补充阳气，才可能"阳化气"，让淤积之物转化为气，从身体里慢慢地疏导出去。而目前在公众健身中——尤其在我们山东泰安一带，很是流行的"自然拍打疗法"，也相信，人要想健康，就需要每天拍打自己全身一小时，让血液流通，让身体不再淤积。

身体之病主要来自淤积，社会之病也主要来自淤积。社会的阳气要想提升，就需要环保组织、公益组织去多多地带来阳光，把社会晾晒到太阳之下，提升社会整体的温度，提升社会阳化气的可能性。

那么，公益、环保组织怎么做，才可能给社会转化淤积呢？当然来自两个方面，一是自身成为一道热烈温暖的阳光，去直接面对社会淤积的那些症状，想办法引入阳光来曝光、曝晒、升温和化气。二是去引导公众也成为阳光，一起捐赠能量，一起分享热量。

让公众参与也是很有意义的，很多人由此有了疏通的可能。积淀在家里的财物，由此有了活用的机会。钱不流通，趴在账上会霉烂，甚至等于是别人的钱。买来的车不开，还不如没有车，否则放在那里还生锈。炒到手上的房子不住，放在那里，甚至有可能引来小偷。更可笑的是，有些人把古人的陪葬品，把大自然的精华物，居然无所畏惧地堆积到家中，却不知道，这样做很容易引来的是暗能量的报复。手头如果有这些物件，最好的办法是赶紧变现流通出去。

人的血液只有流通起来，才可能保障身心健康。人的生命只有流通起来，才可能成为社会的活跃力量。社会上的各种物资只有流通起来，才可能减少社会淤积病的发生。

因此，作为一名参与公益环保几年的公益人，我强烈建议，不管你处在什么状态，只要察觉家里家外、公司里公司外、车里车外、体内体外，有能量、资源、物资、情绪、愤怒在淤积，甚至是持续淤积而无人照应，那么你一定要率先成为这个因感应而行动的人，如果你自己无法成为流通的推进者，你可以找到我们，我们来帮你找到最合适的公益环保组织，让你成为最奔腾的水，让你成为最热烈的阳光。

民间环保工作需要 "想象力"

文/萧　江

中国的生态环境保护，只需要两类人。

一类，是各级政府里负责生态环境保护的工作人员。从公开的职能来说，中国有了他们，生态环境保护应没有任何问题。因为这些人不仅有良好的法律作后盾，有足额的经费为保障，还有训练有素的专业和技能为依托。

但是，中国虽然有了一大批的生态环保正式工作团队，生态环保问题，却总有一些解决不了。有些生态环境工作人员甚至成为生态破坏的帮凶。一方面纵容大量的生态环保破坏事件的发生，另一方面努力把公众揭露出来的信息压制和消解。一方面帮助生态环境的破坏者得逞，另一方面让发现和呼吁解决生态环保问题的环保志愿者们失势失能。

不管怎么样，公众发现光依靠政府的生态环境工作团队，是远远不够的，因此，需要民间的环保志愿者。

另一类，是生态环境的民间环保志愿者、行动者。不管他们是以团体的面目出现，还是以个人的姿态涌现，在我看来，"工作想象力"是最吸引人的地方。

我今年才三十出头，虽然自幼热爱环保，但正式从事民间生态环境保护事业的时间不算太长。好在我进入民间的生态环保团体之后，有足够多的机会，接触到了中国民间生态环保行动史上的那些关键人物，了解到不少他们参与的生态环保案例。当然也看到很多案例不了了之。观察这些案例，我发现一个小小的秘密，工作想象力丰富的案例，就会做得很有意思，进展会很猛烈，倡导的穿透力很强，对参与人员的提升也很明显；工作想象力贫乏的案例，就会做得很无趣，进展也很肤浅；基本上对社会没有产生太多的影响，甚至训练团队成员的价值都不太大。

那么，什么是工作想象力呢？

工作想象力就是在充分了解社会运行规律之后，对每一个案例展开倡导时，锐度、深度和广度的综合体现，最核心的，是突破原有的局限性，在不可能处，找到新可能的能力。民间环保志愿者接触一个案例时，往往同步收到的信息是这样的："不可能的，没机会的，几十年了都解决不了，你们怎么可能解决？"

这种不信任、不支持的民情民意，出没在一个案例的每一个节点。万一有幸取得了一小步的成果，你收到的仍旧是来自同伴质疑的旋律："此前取得的成果是巧合和偶然，并不是我们实力的真正体现，要想继续做下去，肯定还是不成的。"

要破除这些自我内部的质疑和反动之能量，除了持续地用功之外，还必须在工作的想象力上，给出一些富有说服力的设计，让参与的人自身都错愕，都没有反应过来，都只能在事后进行总结和分析。这样才可能赢得赞赏和支持。由此，也表明每一个案例，必须有一个坚决的内核作为推进的力量，这样才可能在各种反对的声音中，仍旧获得勇往直前的能量。

那么，"工作想象力"来自哪里呢？

其实来源之处非常简单，就是来自灰色地带，来自那些大家认为不可能的地方，来自每一次遭遇到的似乎没有出路之处。

当然，前提是要把能做的先做到，能做足的先充分做足，甚至一次两次不惜代价地持续试探和积累。

有了前期扎实的积累，再匹配以一些原来的经验和方法中没有用到的招数，而这个招数对这个案例是非常匹配和恰当的，那么，就有可能取得巨大的倡导效果，收获到公众强烈的支持，收获到案例利益相关方的认同和协作。

"工作想象力"不是抛弃现有路径的另辟蹊径，而是在把基本动作做足之后的突变和爆发。"工作想象力"秀出来的也不是创意和新奇，而是针对案例本身进行精细分析后找到的精准打法。"工作想象力"固然有强大的高蹈性和风云感，但却一点都不飘忽和玄幻。

具备"工作想象力"需要有几个方面的素质，一是热爱民间生态环境保护这个职业，并相信自己的存在是当下社会和生态最好的需求。二是愿意在一个又一个的案例中训练自身的真实能力。三是愿意运用世间所有的现成工具，愿意掌握世间真实运行的各种规则。四是愿意为了解决案例而专精地付出所有的代价。

具备了以上这些基本素质，你就会发现每天的工作，都充满了新奇的创造性和想象力。而这些创造性和想象力一点都不脱离现实，都是可通过手头现有的资源，依靠现成的伙伴，依靠自身的行动能力，一步步地把不可能做成可能，把想象落地成现实的动作，把动作转化为愿望中的成果。

做环保不上前线？ 那你来干什么？

文/萧　江

当一个社会习惯了和平，很多人会对上前线存在极大的畏惧。

在这些人看来，真正存在问题的那些地方，是非常可怕的地方，不仅有非常惨烈的生态环境破坏场景，还有更"英勇疯狂"的不愿意让这些生态破坏场景公之于众的一批守护队，更有一批为了堵住生态破坏真相流露于世，而不惜一切代价的后防队员。

所以，在这些心存畏惧的人看来，偶尔看看生态环境破坏的惨烈景象，还有可能勉强承受。但如果要承受随之而来的打击、报复、恐吓，一般人都受不了。

也正因如此，在中国的民间，敢上生态环保前线的人非常少。

更神奇的是，这批敢上生态环保前线的人，得到的公众支持也非常少。

所以，中国为数可怜的生态环保前线志愿者，是非常孤单的。他们并不贫穷，甚至因为孤单而显得强大。但是，在这和平繁荣时代，为了保护生态环境而愿意奉献一切的人，居然受到如此对待，有时候想一想也是悲从中来。

与这样的一批愿意上前线，愿意用自己的躯体去阻挡生态破坏之"钢铁怪兽"的人们相比，其他做生态环保的方式，就太容易了。

不信，我来给你分析分析。

第一种类型，叫办公室类型。坐在办公室里做环保，是最容易的。比如，天津以及天津周围的河北部分区域，是每年鸟类的迁徙咽喉要道。千百年来，生活在天津、唐山、秦皇岛一带的人，就研究、发明、试验、推广出来一套靠鸟吃鸟的技术活儿，他们一年四季都以捕鸟、贩鸟维生，不少人甚至成就了千万的身家。

但有意思的是，这地方的森林公安、野生动植物保护（简称"野保"）站的某些工作人员，却对这个现象似乎完全不知情，他们似乎不知道湿地里芦苇中有人捕鸟，他们似乎不知道市场上饭店里有人公然交易，他们似乎不知道机场边的冷库里有人公然储存鸟，他们不知道汽车站、火车站、飞机场有人公然运输鸟，他们似乎什么都不知道。因为，捕鸟的人是在半夜起来捕鸟，而上班的人是在白天出门上班。因为，贩卖鸟类的人报上来的是"熟食交易"，他们也就相信了这是熟食交易。

他们每天都在办公室里。不是在学文件，就是在下发文件，不是在学法律，就是在研讨法律，但他们似乎从来没有对保护这片区域的鸟类自由的天空，贡献过力量。直到敢于奔赴前线的生态野保战士们出现。

同样的类型，也反映在污染防治领域，宁夏腾格里沙漠的又一桩污染案被环保志愿者挖掘出来，被良心媒体曝光于众，可细看这里面的细节，这可是主要发生在1998年到2004年的污染案件啊，负责此项工作的环保部门工作人员，他们难道没有听到环境的呻吟，没有收到公众的举报？没有追查企业的污染物去向？

第二种类型，叫教室型。有一批人，喜欢做环境教育。他们最喜欢做的事，就是到教室里去给孩子们上课。可惜的是，他们讲的素材，全来自互联网的百度和复制。更可惜的是，他们百度来的知识和线索，多半要么是国外发生很久的，要么是政策和文件理想里的。他们没有自己的原创，没有自己的案例，他们能讲的全是别人的故事。这样的教室环保派，显然也是不肯付出努力和行动。

第三种类型，叫自然美景爱好者俱乐部型。说中国人热爱自然，这句话"有点过头"了。但说中国人热爱拍摄安全无害的自然风光，这话是有一定的道理的。如果我们参照美国经验，会发现，自然的户外爱好者，确实有可能成为荒野和天然生态的保护力量，不管是美国国家地理学会，还是塞拉俱乐部，还是天然河流漂流协会，还是打猎俱乐部，他们都会对美好自然保存着强大的敬畏之心和保护意识。可是，中国的"生态摄影家"们，没几个人敢于成为环保战士。中国自然美景欣赏协会的成员们，在美景遇到蹂躏和摧残时，几乎没有人能够站出来吆喝几声。但是，有时候他们还声称自己是环保组织。热爱自然美景的人并不一定保护自然，声称是环保组织工作人员的人未必愿意保护生态环境。

第四种类型，当然就更有趣了，这种类型姑且称为妄想型吧。患上这种自然保护妄想症的人，多半是企业家，尤其是当世略为成功的企业家。企业家有一个特点，就是世界上什么样的好东西都想要。公益环保当然是好东西，对自家孩子们去全球著名大学是极有益的敲门砖。因此，企业家就开始患上生态保护妄想症，以为通过贿赂，就能够解决生态环保问题；以为通过商业手段开展买卖和交易，就能够收买和征服生态破坏者的人心；以为通过公益市场营销，就能够把生态环保志愿者雇用到自家门下。

然而，在这个世界上，所有愿意为生态环境保护出力的人，都是好人。这个世界上，所有为生态环境保护发出的能量，都是好能量。从这个意义上说，不管你属于哪一种类型，我们都愿意称你为生态环保行动者，都愿意成为你们的盟友。但我们心里很清楚，只有上前线的人越多，这个社会的生态环保才有希望。其他的，要么是潜藏的力量，要么是后台的背景。

公益要细分"需求"，污染防治与野生动物保护哪家强？

文/青朴公益

我们大力推广公益行动者这个理念。很多人说："公益行动者啊，财务方面的支持算吗？""我在北京、上海的办公室帮助公益组织支持财务行动，难道就不是公益行动者了？"我说，当然是的，只要全职进入公益领域，都必须是公益行动者。

随着公益行业的逐步壮大，公益行动者很自然地也出现了细分。比如，在环保领域里，如果你真正地走在了前线，你会发现：致力于污染防治的行动者，与致力于野生动植物及栖息地保护的行动者，有着内在和外在的区分。

污染防治行动者有很大一部分，是污染受害者，即环境难民，他们奋起为健康、为家园而战。

当然，还有另外一部分，是主动进入环保组织从事污染防治工作的全职人员。他们有理想，有冲劲，也愿意与直接的环境污染受害者共同博弈，各自的优势形成互补，凝结成一股力量，在持续的倡导中一点点争取回被抢夺走的环境权益。

野生动物保护志愿者，表面上看，所投身的公益，与自身遭遇的伤害并没有直接的关联。但这个世界上，"直接关联"是一个很奇妙且微妙的存在。如果你在市场上看到一只被捕获的野生动物即将被销售后下油锅，你此刻把它当成了你自己，这时候，你的身、心、灵将会与它产生"直接关联"。这种直接关联的强度，与因为被污染而奋起反抗的强度，差不多可以形成对等关系。

同样，当你看到一片湿地被开发，或者一条河流被抽干，你一样感同身受，甚至灵魂附体，那么，这种"天人合一""天地与我一体"的状态，会成为接下来一段时间里很重要的行动主宰力量。

别人可以忽视的，你无法忽视。他人成了施害者，你便会成为守护者。

如果继续推断分析起来，在中国，污染防治者遭受的"反弹"或者说"博弈"，与野生动物保护者并不一样。污染防治者所面对的往往是一个大企业。因此，污染防治行动者往往遭遇的是来自企业的威胁。

污染防治行动者常遭遇的尴尬场面是：你到一个污染企业去调查情况，来拦截你的不是企业的保安，而是警察。如此联动，在生态环保领域体现得最为突出。

而野生动植物保护者遭遇的更多是社会零乱的个体。个体有可能是一个长期隐秘的地下捕捉和贸易网络，也可能是一两个人的随机行为。无论是哪一种，政府在这里往往都会成为野保志愿者的盟友，会把野保志愿者的成果当成自己的业绩，一起共同推进当地的野生动植物保护行动。

当然，中间也会有通风报信、执法宽松等行为，但整体来说，野保志愿者遭遇的博弈反弹能量，要比污染防治行动者微弱不少。当然，如果面临的是栖息地保护，比如，一大片湿地被开发，这时候往往是一个巨大的企业在后面推动，这时候遭遇的博弈力，也可能等同于污染防治行动者遭遇的大企业的威权博弈力。

如果拿环保行动者来进行分析，那么，无论是野保行动者，还是污染防治行动者，他们直接挑战的是真实的社会难题，冒的风险最大，取得的成果也最多，带动的公益绩效也最好。因此，我们一定要率先优先支持他们，让他们永远走在领先的潮头上。

　　所有的公益行动者都是值得支持的。所有的公益行动者都有独特的社会价值。如果我们的整个社会能够进入全民大公益的时代，那么，每一个环节都有公益行动者在闪耀。当然，在这里面，最显眼和最重要的岗位，是前线直接参与公益行动的那些行动者们。

　　新共益团队一直相信，中国当前最值得赞美的人之一是——前线的公益行动者。最值得歌颂的也是他们，最值得追随和支持的当然也是他们。

我们没有疯，我们就是要给
公益人颁发"诺贝尔奖"

文/林 启

认识我的人大概知道，2017 年重回公益时，我就立下使命，要让更多的人加入公益行业，让这个世界变得更美好。两年来，从发起"为公益人筹年终奖"开始，围绕为公益人筹款这个核心，我们团队做了超出想象的探索和尝试。

而我自己也反复思考，到底该怎么做才能实现我们的使命，还要确保这一使命能够永续。经过探索，成立一个永续性的慈善信托，给公益人颁发"诺贝尔奖"，以激励更多的人投入公益事业，是目前最适合也是必然的选择。

从发展趋势上来看，中国已经要从经济社会走向公益社会，这是人类文明需求的发展阶段。在这个伟大而不可阻挡的潮流中，必然有一大批杰出的民间公益人展现他们的风采和英姿。

民间公益人的筹款来源必须是多元化的，为民间公益人筹款的方式也必须全面与社会接轨、合流。放眼世界你会发现，公益人的资金来源方式是极其丰富的。而在中国很奇怪，总有人在拼命限制公益的想象力，不是为了促进公益的繁荣，而是千方百计抑制公益的发展。

庆幸的是，公益有自身的野性和强大的生产力，新共益团队从 2017 年发起，但我们已经看到了各种涌动的潮流和梦想。只要有机会，这些想法都会成为光耀中国的大树；如果没机会，他们自己也会创造机会，通过艰难而实用的倡导，一点点长成坚实茂盛的参天大树。

我们已经播下了一个梦想的种子，中国的民间公益人，需要一个诺贝尔式的公益奖。中国当前的社会资源和能量，完全有能力支持这样的奖项，也会有很多公益慈善捐赠人，愿意冠名这个奖励。诺贝尔奖已经发展了一百多年，其中有很多运作经验值得我们学习：

① 巨额奖金

② 独立性和负责性

③ 拒绝"审查"和"表演"

④ 不轻易变更奖项

首先是巨额奖金，代替一纸证书或者领导的合影。国内每年都有很多奖项，不给获奖人发奖金，或者只发数额极低的奖金，结果表面上是获奖人得了荣誉，实际是设奖人自身增了风光，贴了金粉。因此，我们要设立面向中国民间公益人的诺贝尔奖，也一定要筹集到高额的奖金，现场发放给获奖人。

其次是独立性和负责性。国内很多奖项评选，可能一开始是独立的，后来大多被人为因素影响，就不那么独立了。所以，我们所设立的奖项，一定要保持持续而坚定的独立性，不受任何外来能量的影响。设立评审委员会对评选结果负责，同时也充分应对各种质疑和追问。

再次是拒绝"审查"和"表演"。国内有些评选有一个毛病，要求申请人先填表说明自己多么优秀，入围了再到评审委员会面前接受各种拷问质询，这是非常有失尊严的行为。所以我们的尽职调查工作会改变一个方式，通过平时的持续观察和全方位的综合判断，来确定奖项的归属。在正式结果出来之后，我们不干扰和伤害申请人，充分信任评审的判断力，我们对结果绝对地负责。

最后是不轻易变更奖项。诺贝尔奖的奖项设计变化是很缓慢的，不会因为时代的变化而变来变去，最后丧失了原来的样子。我们的奖项一旦设立，就会持续很长一段时间。事实证明，人类可以改变一切，但就是很难改变时间。而一件事情的成败得失，时间会告诉你答案。

基于以上四点对诺贝尔奖运作的觉察，我们决定启动中国民间公益式诺贝尔奖理念的倡导、资金的筹集、评选方式的探索等一系列工作。计划用三年的时间，颁发中国公益史上第一个"诺贝尔式的中国公益奖"。当然，这件事情要分成很多步骤，资金筹集可能不是最难的部分，但一切的起步，我们还是会从资金筹集开始。

我们已经与国内知名的慈善信托机构建立了合作关系，也与多数基金会建立了良好的互信合作基础。新共益团队将会通过持续地服务民间公益行业，获知公益人的真实状态，从中找到最适合的人选。

慈善信托的筹集目标我们定为一亿元，如果能筹到，每年的稳定收益在 500 万~700 万元，收益用于奖励以公益人为主致力于为解决社会问题做出卓越贡献的群体，以此激励更多的人致力于公益事业。

而首笔我们已筹集 50 万元资金成立辅助性慈善信托，或许距离目标达成还很遥远，但这只是开始，以此告知所有的伙伴我们是认真的，我们必定抱着坚定不移的使命去完成这个目标。信托的名字或许会叫作林启北和伙伴们的慈善信托，当然如果有人愿意直接捐赠一亿元，成为你流芳百世的永续信托，我们也无比欢迎。

这个事情将会对公益行业的发展形成一个强大的推力，需要更多有相同使命的伙伴加入，一起为中国公益社会的到来贡献能量。你将会参与到创造中国公益历史上的一个丰碑性事件，乃至一百年或两百年以后你的名字也依然记录其中。而我们这个慈善信托奖项，会不断激励更多的人，投入解决环保、扶贫、助残、助老、妇女、儿童等各种社会问题，让中国乃至全世界变得更加幸福和美好。

公益人年终奖怎么发， 破局之道在哪里

文/林启北

"公益人年终奖"这个关键词，社会公众可能还不是太知情，但在公益行业尤其是草根公益行业，估计都初步普及这个概念了。

新共益团队已经倡导了三年的年终奖项目，我一直会被问到一个问题：年终奖该怎么发？该发多少钱？年终奖发的公平吗？这个数字够吗？

在我们倡导给公益人发年终奖项目的时候，一直有不少公益组织负责人跟我们交流。他们已经理解了公益组织应该发年终奖的理念，但是没有钱可以发，这是一个很难解决的问题；有钱了怎么发，也同样是难以平衡的问题。因为在这方面的经验都太少了，对比企业、政府、事业单位等社会上那些成熟的体系来说，公益人发年终奖，几乎是个空白的区域。

作为支持公益组织的公益组织，作为支持公益人的公益人，我们新共益团队也一直在用亲身实践来探讨。很多组织因为他们无法通过有效的形式，来判断组织工作人员的贡献程度，于是"有钱的组织"只能通过每年十三薪的方式来发。但是显然这是组织负责人的错误，年终奖全部都发十三薪，显然是对工作优秀伙伴的伤害。

新共益一直以来，都是提倡用"公益成果"的测定，来获取相对公平的衡量。"公益成果"有两种角度，一种是组织使命的公益成果，一种是

社会需求的公益成果；一是目标实现的公益成果，二是过程动作的表现累积。

由于一直在做公益组织的行政、财务服务和筹款、传播方面的支持，新共益团队这几年有机会，查看到一些公益组织所提交的公益成果。我可以负责任地说，能获得的奖金和所产出的公益成果相对成正比。有很多公益人提交的公益成果，其实跟组织使命和目标毫无关系，本来很难获得组织的奖励。但是其所创造的公益成果，又满足了社会需求，所以我们又建议该组织向其发放年终奖，或者鼓励这些公益人、用自己的公益成果，鲜明而坚定地向社会筹集定向的"属于自己的年终奖"。

公益组织所有的筹款，都要考虑四个维度：

① 倡导这个理念；

② 向社会更广泛地传播；

③ 锻炼了公益团队的社会衔接能力；

④ 筹集到必要的支持资金。

同时，我们也意识到，我们所倡导的"公益人年终奖"这种筹集，绝不是仅仅为了钱，而是为了确认自己的公益成果，是否符合这个社会需求，帮助公益人及时调整你的工作方式。

当前社会是自由而充满自主性的，任何人都可以发起自己的倡导。如果一个公益人不满意自己机构所发的年终奖额度，或者压根没有领到年终奖，这个时候，你就可以拿起从事公益行业最大的法宝：用自己的公益成果、联结你的服务对象，一起面向社会公众，获得他们的真心祝福和实际的支持。

只要你这样做了，我们相信你一定能得到支持，公益人要全面走向社会，公益人要把自己奉献给社会，公益人也要有引领社会的能力。

如果一个公益组织没有资金发放年终奖，那么，这些公益组织的小伙伴，可以主动邀请团队的负责人，帮着你一起来筹集。因为公益组织负责人，最重要的工作就是为自己的伙伴筹集公益行动经费和工资、社保、奖金等款项，甚至在我看来，工资、社保、奖金这些款项的重要性，超过了公益行动经费和项目经费。

如果机构的负责人发给你的奖金数额，完全配不上你的付出和产出。那你还有一个更高妙的解决和倡导、向社会诉说事实的途径，就是自己发起年终奖的筹集，让自己的信念得到进一步放大，让自己的成果得到进一步证实，让自己的支持群体得到进一步扩展。

公益人所做的这一切，都不是为了钱，而是为了告诉社会，告诉世界，公益人有其独特的价值，公益人应该得到应有的尊重，公益人不应该被忽视。

当公益组织负责人被伙伴抱怨"奖金发放不足"的时候，可以陪伴公益小伙伴，一起发起年终奖筹集，让自己团队的成果，在公众面前如实、骄傲地展示，邀请公众来判断，我们的公益人，到底应当获得多少年终奖，要有什么样的成果，才足以让公众确定值得发放相应的年终奖。

不管如何，都请行动起来，参与到公益人主宰自身命运的宏伟潮流中。请立即写出自己的公益成果，参与我们的"公益人年终奖筹集"项目，你的公益成果要让社会公众确认、肯定以及获得应当得到的支持。

为什么公益人的年终奖都要自己 "筹"

文/林启北

每到春节，我们新共益就会反复鼓励大家，参与公益人年终奖项目筹款。每年也会被大家问到，新共益是否提供配捐，是否提供奖励，我只能两手一摊说新共益啥也没有，甚至做这个项目给基金会的管理费，也是要我们新共益自己筹。为什么新共益愿意去干这种"亏本"的事？只是因为这个项目，是新共益团队基于社会倡导为目标所开发的筹款。

我们新共益只是希望通过这个项目达成三个目标：

第一，让公众了解公益人可以也应该获得社会奖励；

第二，让行业从业者理解，公益人从事公益行业应当有"公益成果"；

第三，希望通过"公益人年终奖"项目，让大家知道收入可以突破项目的限制。

这些公益理念的传播是基于新共益团队的使命，让更多人加入公益行业。所以每次"公益人年终奖"，新共益都会很积极地邀请大家参与，希望大家能够积极展示自己的公益成果，告知公众您在今年到底做了什么，从而获得大家对您的公益成果的支持。但是，每年都会有很多人告诉我，怕筹不到多少钱，内心不敢筹，感觉没做什么不能筹……

我希望各位公益伙伴必须要了解一点，筹款筹不动的原因并不在于您自身，虽然您在筹款的时候，看起来是为您筹的，但是实际上并不是，实际上是为您的使命和公益成果而筹。所以，如果您筹不到资金请不要难过，不是您筹不到，而是您的公益成果和使命筹不到。

它有可能是您的使命和成果不足以打动人心，也有可能是您的使命和成果没有宣讲到位。总而言之它只是一个衡量的指标，并不代表全部，但是它可以协助您，确认自己的公益行动是否响应公众的需求。

如果在您身上还有不敢筹款这个问题的话，那么您需要调整您的公益使命，或者推动更多的公益成果。如果一个人知道自己公益使命和成果价值的重要性，那么他首先就应该大声地告诉亲朋好友，而请他们进行捐赠是让他们能更好实现他们金钱的价值。这些捐赠者会因为捐赠和支持您的公益事业，成为有价值、有意义的公益使命和成果的一分子。

他们因为这份捐赠，能够与我们一起分享我们使命的成功和荣誉，分享我们的公益成果。当我们向别人劝募的时候，其实是在赠送他们一份极其值得铭记的公益荣誉。所以，当您在进行筹款的时候，您要记得，不是您在向别人筹款，而是在向他们推荐一份至高的精神享受和价值追求。

当然，也有很多公益伙伴跟我们反映，他们觉得自己没做什么，或者觉得自己做得不够好，不好意思去向公众筹款。我们新共益也在反复提醒各位公益伙伴，公众对您公益使命的支持，是一种良好的鞭策，我们需要向公众负责。您在筹款的时候，其实也是变相在询问社会公众，对您想要做的事情，是否是那么急迫和紧要的，是否真的能让公众知道，您所做事情的重要程度。

最关键的是您在参与这个筹款活动的时候，不仅仅是在为您自己的使命做倡导，而是在为整个公益行业做贡献。因为我们新共益必须要让更多优秀的人才，参与到公益行业的事业中来。唯有如此，才有可能让这个世界变得更美好。因为您的参与可以让一些周边人，感受到我们的坚持，而这些被感召过来做公益的人，有可能比您自己推动的这一公益使命更加重要。

疫情之后，中国的公益群体就这样分成了两派

文/新共益

新共益团队喜欢河流。认同的是"行动干预、行动传播、行动研究"的"三行动理念"。我们一直相信，在这世界上已经没有旁观者，所有人都在"治世""乱世"的棋局之内。

我们由此也相信，在这世界上，公益也没有旁观者。所有的公益人分为两种，一种叫积极行动者，一种叫消极怠工者。

这个春节，我们新共益团队的小伙伴，没有人闲着，每个人都在饱含激情地工作。这个春节，我们新共益协助的环保和野保的小伙伴，也没有人闲着，我们看到这群体的每个人，都在奋不顾身地工作。

从公益的角度来说，逢年过节正是公益工作的业务暴涨期。而2020年的春节，又尤其特殊，因此，在这个疫情遍布的春节，正好把中国的公益群体，分成了两派。一派，叫慈善公益行动派；一派，叫环保野保行动派。

按照古人的说法，这世界分为天、地、人三才。古代的人比较谦卑，认为人有幸活在天地之间，虽自定为万物之灵，但本质上仍旧属于天地之子。既然是天地之子，那么人的主要能量和智慧，其实是来自天地。古代的一些哲学家喜欢说"本性具足"，能够让本性具足的，只有天地对人的

孵化和滋养。

可惜的是，人越活越膨胀，慢慢地觉得，天地没那么重要，也没那么高的能量支持，开始傲慢地觉得，人的能量和智慧，需要依托的是其他的人。因此，人们开始非常普遍地社会化了，把与他人的来往，变成了一切社会形态、经济形态、生命形态和文化形态的主要本底和呈现方式。

人抬高了自己，壮大了群体，自然觉得天可齐触，自然觉得地可超离。但很可惜，大自然在用它的暗示，一次又一次给人以提醒。

2020年的春节，这个提醒来得非常猛烈，非常残酷，非常无情，也非常彻底。这个提醒也非常简单，就是提醒人们不要忘记了，你再强大，也仍旧不过是天地之子。没有天地的化育，人类什么都不是。

这个提醒来得非常明确，人要想与病毒共生共存，而不是相杀相灭，只有一个办法，那就是与自然和解，与天地一体，与环境共存。

这个提醒来得非常及时，它是在一次又一次大大小小的提醒之后，又一次更加坚定的提示。人，必须成为生态环境的守护者，不能再成为生态环境的伤害者。

可惜的是，中国污染环境太久，伤害野生动物太久，有意无意地成为环境施害者的人太多，情感热烈且意志坚定地担当环保守护者、生态吹哨人太少。

新共益团队相信，在这一次猛烈的提醒之后，与环保、野保相关的团队，会得到进一步的重视；在这一次无情的揭穿之后，会有更多的人、更高的能量进入中国生态保护的大潮之中。

我们不敢说中国生态保护的春天已经到来，但我们相信，只要有越来越多的人参与进来了，中国的生态环境保护就会有希望。我们相信，只要中国生态环境是健康的，野生动物与人类是和谐共处的，天然荒野和生态系统是得到尊重和敬畏的，那么，我们中国就不会再出现新的病毒疫情。

纵观历史上的疫情事件，几乎都是通过动物传染给人类，有时候是人类的伴侣动物，但更多的是野生动物。因为历史上的疫情，与环境的污染太过于关联。鼠疫固然是通过老鼠的泛滥导致，而老鼠泛滥的原因是垃圾乱扔、污水横流。

在这个春节之后，相信中国会进一步推进城乡垃圾分类，相信中国会更好地铺设污水治理管网，相信中国会把野生动物当成人一样来保护，相信中国会有一大批人成为环保、野保志愿者。

在这个春节之后，相信中国会把环保组织、野保团队，当成最值得支持的公益方向。在这个春节之后，中国的公益群体，会很自然地出现分野：关注人的慈善公益，与关注生态环境保护的公益。

这个春天，公益组织在疫情过后该如何上班

文/拆掉知识的围墙

作为应急管理部门的公益组织

如果说疫情发生后，社会对公益组织会进行更多的思考，那么可能会有很多人将它理解为"应急管理部"。所谓的应急管理，就是你知道某些事一定会发生，但你不知道什么时候发生，在哪里发生，以什么样的方式发生。

在等待发生紧急情况的那些时间里，你可以使劲地模拟和演习，你可以追加训练强度以便未来更出色地完成任务，你可以为了收集资料进行地毯式的翻寻，你也可以静静地守在电话机、传真机、手机和电脑的旁边，随时等待这个应急概率的出现。一旦铃声响起，马上响应并快速前行，赴汤蹈火也在所不惜。

公益组织的四种应急类型

本来，我们有充分的理由相信，中国的公益组织作为一种"应急部

门"，都可以找到自己的"应急业务"，开展对应且有效的业务活动，但是我们发现我们错了。如果按照医院的视角来划分"应急管理部"，中国的公益组织可以划分为四类：

第一类叫急诊型。永远在与濒临崩溃的生命状态博弈，总希望能够创造奇迹。这样的人在战争中，就是前线野战部队。在公益界，最典型的就是应急响应中心。

第二类叫门诊型。平时也开放着，来了病人能够按照常规的方式保障就医和诊疗，让整个社会心态安定。但基本上按时上下班，人手充足地轮流值班。

第三类叫保健预防型。社会上处理流行的"治未病""改善亚健康"等社会问题的公益组织，基本上就是这类形态。这种公益组织的业务就是教育、培训、理念宣传，但一直都是君子动口不动手，不与当下变化和突发的社会问题相关联，总是一套教材讲一生，看谁都觉得可以讲一通，但转化率或者成功率未必很高。

第四类叫美容化妆型。社会上有很多追求外貌美的人，开设了各种美容院、保养中心、咖啡茶馆等，引得很多有钱、有闲的人天天往里进，生意很是红火。公益组织中有不少这样的爱好者俱乐部，每天在那里谈天论地，美化自己的理想，畅谈思想与文化，却从来不敢对真实的问题哪怕进行一点点的触碰，一旦遇上动真格的，马上就逃之夭夭，跑得比小偷、骗子还利索。

把这四个类型分完，公益组织如何上班，就很清楚了。在这几种类型中，后三种类型都是按部就班的制度，该放假的放假，该过年的过年，该下班的下班，该周末的周末。只有第一种类型，要随时保持警惕状态，也是随时保持放松状态。因为，随时可能有事，也随时可能没事。

这里，我们多评论一些环保组织。真正的环保公益组织，其实是第一种与其他种的综合，要做到"闲时练兵，忙时作战"，意思就是每天都是处于忙碌中，只要与自己领域有关的应急事件出来时，那是第一时间一定要响应，并把这事件当成此时此刻的主要业务努力解决。

若在平时，则要加快能力提升。公益组织一定要有一种情怀，那就是必须要比社会上绝大多数的人水平高一些，甚至是要高出很多，只有这样才有可能在心力上有能量的落差，敢于去解决社会上绝大多数人不敢去解决的社会问题；只有这样才可能在技能上有更娴熟的基本手法，拥有随机创意的集成组合锐度。所以，每天都能够以应急的状态，加快能力的提升和心态的养护。

公益组织的工作哲学

也有人会说，如果是这样的话，那么一年 365 天，岂不是一直保持在高度的紧张和兴奋之中？当然不会，因为公益组织可以有两种办法去应对。

一是可以在相对业务不繁忙的时间内，抽出足够多的时间休假。这个休假时间不必和法定的节假日安排相重合，因为业务是不讲节假日的，甚至越是节假日公益业务越暴涨。因此一定要避开峰值，按照自己的行业规律行事，不要机械地对照所谓的法定节假日安排休息。

二是调整心态，合二为一。既然生活是修行，那么修行就是生活。既然应急是常态，那么应急的过程就可以与生活状态融会贯通。这样就不会有疏离感和生分感，就不会有简易的攀比和对照，好似一天到晚都在工作，未尝不可以说一天到晚都在生活。

从人类千百年来的经验表明，工作估计是最好的生活方式。如果人的工作量不充足，生命荷尔蒙就会丧失继续分泌的可能性，生命的动力就可能衰退甚至丧失。人从来到这个世界开始，似乎就不是来消闲的，从少年忙着学习成长到成年不断工作。而成年后就是来工作的，所以工作就是生命，工作就是生活，工作就是学习，工作就是修行。

每个人都拥有自己选择的权利，无论你是在政府机关、事业单位、商业公司、社会组织中工作，还是"自由职业者"，我们可以选择自己最理想的上班模式，这模式不必模仿他人，也不必拘泥于所谓法定工作日、节假日的安排，我们完全可以按照自身行业的特点和规律，找到让自己既能够最充实地工作，又能够最真实地生活，最自主的"生活型工作方式"。

企业做公益，为什么这么难？

文/新共益

这几天，因为某些风波的影响，一家公益组织负责人收到了此前信誓旦旦要"加快合作，加强合作"的企业相关负责人的信息，这条信息说，"我们的合作还是暂停吧"。

回想春节之前，这家企业组织了团队，专程到公益组织的工作现场，进行了很用心的体验和考察，然后，尽职调查得出的结果都是好评，说出的都是好话。然而，当一个尚未定论的风暴来临时，这家企业马上就退缩了，原来的坚定一下子变得柔软无力。

这是我们新共益观察到的，企业试图做公益，又"遇难而退，见风就逃"的一个典型案例。在中国公益界浸泡这么多年，我们观察到的案例很多了。所以，我们这次趁着这几天隔离在家，干脆写一写"企业做公益，为什么那么难"。

一、企业做公益，只是某些企业主、企业家想做公益

说企业做公益是错误的词汇，真正想做公益的是某些企业主，或者企业家，或者企业家的夫人，又或者是企业家的某些亲密伙伴。

企业，有些就是企业家的私人王国，企业家想做公益，那么企业当然要顺便想做公益。比如阿里，马云先生想做公益，在他号召下，阿里系、淘宝系等，一口气成立了多家公益基金会。比如万科，当年王石先生要做环保，万科整个集团一起跟着也表态要做环保。比如曹德旺先生给公益组织捐款，虽然捐的可能是公司的钱，但捐赠的动力肯定是来自他个人，以及他个人修养所影响下的公司团队。

比如春秋航空公司，王正华先生要求公司高管，每年必须参与一项慈善活动，用个人的实际行动履行社会责任。又比如某某公司，老板要求所有的股东，每年必须拿出个人分红的百分之几，用来做公益。老板愿意做公益，而股东团队的相关伙伴是不是愿意做，是不是擅长做，等等，这些就不好说了。

但企业家的特性与公益的特性，正好是相违背的。企业核心考虑的问题，是如何赚钱。而公益核心考虑的问题是，如何花钱。企业考虑的核心问题是，如何让自己再强大一点儿；而公益考虑的核心问题是，如何让社会更公平、更正义一些。企业经常错位化的思维方式，是如何让公益帮助我促进营销，而公益经常错位化的思维方式，是如何让企业成为我们的联合倡导者。

最关键的问题是，企业家还在做企业的时候，公益只能占用他思维空间的最多百分之一。因此，他没有精力来"专职做公益"。

企业家没有精力，自然就要雇用有精力的人。于是，企业家往往采用两种模式，要么在办公室、营销部门里，成立模拟化的公益团队，让其在商业气氛超级浓厚的企业内部，去试着践行一下企业的社会责任。要么就是去民政部门正式注册社会组织，但社会组织的办公室仍旧设立在企业里，员工也仍旧从企业内部选拔和调配。

这方法和原理，与政府做公益如出一辙。这次疫情，全国人民给武汉的政府型公益组织捐赠的 27 亿元，全部上缴给了武汉市的财政局。同理可证，企业基金会的资金，也是从企业里"预算拨款"出来的，花不掉的资金，要么是要重新"上缴"给企业的财政部门，那么下一年度，可能会面临某些预算缩减的情况出现。要么到了接近年底的时候疯狂找"出路"，把这些资金花出去。

在这样的情况下，企业主的个人公益意志，根本就无法在整个企业去传达贯通，只能是企业的花边和添彩，无法影响企业的本质和特性。

二、企业做公益的传统惯性

企业里的个人，不管是企业主还是到企业谋生的员工，私下里可能都会捐些款，做些慈善，但要想让企业整体都与公益联结，完全是不可能的。企业想做公益更是艰难的。

中国几乎所有的企业主在赚钱方面，可能有自己的独立人格，有自己自由奔放的想象力和创造力，有满足自己野心的关键发明。但在公益方面，他们基本上就处于盲区或者无力状态了。

企业做公益三个最大的传统惯性：

一是企业缺乏担当精神。而做公益需要有独立人格。假如企业想在社会公平方面，超出企业围墙之外有所作为，他们就会本能地请示上级管理部门。而一件尚未做成的"社会创新风险事件"，向政府请示，就意味着他们内心根本不想做这个事情。即使想做，也会在暗示下，迅速取消这方面的意图，或者改变整个事件的行动计划，以符合他们理解的政府思路。

二是企业做什么事都想依靠政府。比如有企业家在深圳发了家，想回老家做点慈善，而他想到的第一个方式，一定是去拜访政府，却不知政府本身已经有足够的能量，做他们能做的社会福利，企业家要配合政府的唯一方式，就是给当地政府按已有的方式捐款。如果想做自己的新慈善业务，那么依靠政府一起做的过程就会很长，时间线会拉长。其间不仅会让企业丧失独立品格，也会让资金能量的发挥很难如期所愿。

三是企业家的长期雇用、购买、投资的思维，而公益走的是其他的"经济来往模式"。或者说在企业家眼里，一切都有可能通过钱来解决。人类社会发展千万年，可惜有些事，就是政府用政治也难以实现目标，企业用金钱也无法达成目标。

更神奇的是，中国社会出现的很多公益问题、社会问题，本身就是政治和商业联手制造的灾难。正是生产消费型社会导致对牺牲品的摧残，无论这牺牲品是来自人类，还是自然环境。既然如此，企业的买卖思维，本身就是问题的制造者，问题的制造方不能成为问题的解决方，这就是悲剧所在。

三、企业做公益太"难"的三个原因

总结起来，企业不可能做公益，或者说企业家做公益太"难"，不外乎缘于以下三个原因：

一是企业与企业家不一致。企业家偶尔想做公益，企业并不想，所以美梦难成真。

二是慈善与公益并不一致。捐赠一些物资给缺乏物资的人，这只是做慈善而不是做公益，改变社会问题产生的根源，这才是做公益，而企业家基本上没有这胆识，也没有这智慧。

三是中国企业家在企业方面的霸气与独立调性，无法平移到公益慈善频道。只要他们还在经营着企业，在公益面前必然是虚弱无力的。

如果有企业家跑来不服，说"我就偏偏做出公益来给你瞅瞅"，我们新共益当然欢迎这样不服气的企业家们。在此，我们提出如下有效解决之道，这些宝贵的公益智慧，希望能够得到有志气、有理想的企业家采纳。

四、三大解决之道

（1）如果无法辞职专心做，那么就尽量换思维。试试回到生而为人，最本源的思想和情感状态，去考虑一个人如何解决遭遇的社会难题，而不是只知道用商业的方式，这样才可能找到真实的目标，而不会为路径和方法所蒙蔽。

商业是人类表达能量的一个方式，会赚钱的人未必会写诗。商业只是解决人类问题的一种方式，做公益就要找到符合公益的方式，而不是用自己以为擅长的商业，来解决千百年来商业都无法解决的社会公益难题。

（2）如果无法分心做公益又太想做，那么就从商业体系里离开，投身到公益领域。微软创始人比尔·盖茨先生就是这样，他做商业时就专心商业，做公益时就专心公益。但有一个要求，切不可因为进入了公益行业，就用休闲的、退休的、落伍的想法来经营公益，认为自己在商业方面的能量如此大，做起公益来肯定势如破竹。

很多企业家在商业界叱咤风云，到了公益界却一无所成，原因是以退休人员的心态，去开展"公益创业"，也不回想一下，自己当年年轻创业时，吃着什么样的苦，释放着什么样的激情，到公益组织养老和赋闲，结果只会损伤公益。

（3）最通用的方式其实更纯粹。本来就与企业原来的一些思维是高度同频的，那就是给专业的、民间的公益组织，捐赠款项和物资。

企业家做不了公益，甚至理解不了公益，缺乏把公益情怀落地为有公益生产力的好方法，没关系，作为企业家的你们没有，但是公益组织有啊。当然，我们这里指的公益组织，一定得是民间的、自发的公益组织，他们不会因为权利而做公益；也不会像那些大企业主所设立的基金会那样，是因为钱而做公益，他们只是因为自己的心而做公益。

在这个世界上，只有用心做公益的人，才是真正会做公益的人，才是能把公益做成的人。企业主们，你们要想选择效率最高、执行力最强、公信力最好的公益机构委托，让他们帮助你们实现公益梦想，你当然只有找用心做公益的人进行合作。

公民做公益，为什么这么难？

文/新共益

从状态上划分，公民可分为两个状态，一种叫职业态，一种叫生活态。从年龄段上划分，可分为少年态，成年态和老年态。从心态上划分，可分为情绪情感态和逻辑思辨态。

很多人认为，现在经济发展得这么好，政府又这么积极乐观，公众又这么富有和壮实，互联网又这么普及和快速，这个时代做公益肯定非常容易，公民要想做公益，也会更加容易。

其实也不然，在我们新共益看来，很多人说的做公益，其实是做慈善。所谓的慈善，基本上属于物资的补充或者机会的给予，解决的是社会不平等所导致的诸多结果，多半停留在公益的"物质文明"层面，非常有意义和价值，也很容易参与，参与了也很容易见效。

"公益"想要追溯社会不公平的原因和背景，突破的是公益"精神文明层面"，要做到这个程度就比较不容易了。

无论是公益还是慈善，在中国目前程度来说都还不发达。不发达就说明处处有机会，不发达就表明公益行业、慈善行业仍旧是一大片蓝海，只要入行的人员，在三五年之内，必然成骨干和中坚。

从社会趋势上看，公民做公益、做慈善，无论是全职还是兼职，无论是志愿者还是围观者，其实都是有大把的机会。可以说只要你想做公益、慈善，马上就可着手；只要你真心实意地做，做上三五年就能够迅速见到成就。从职业选择上看，做公益、做慈善，比社会上很多成熟的行业，见效要快得多，成长要快得多，获得人生的成功要快得多。

但也仍旧有很多艰难的因素，在我们新共益观察下来，公民做公益、做慈善，遭遇艰难的原因和阻力，有以下两大困扰：

公益需要的是"创业者"，而入行的主体往往是退休心态

社会大众普遍的认知认为，公益是闲人、有钱人才做的事，闲人有时间，有钱人有资金。

因此，很多公益志愿者都得是具备两个条件中的一个，要么等我退休了，我有时间，我来做公益；要么等我有钱了，我拿得出资金，我来做公益。

这样的人是公益、慈善行业非常坚实的基础。但从职业化、解决问题的角度，如果都是有钱有闲的人，那么公益行业普遍会充斥着一种可做可不做、可完成可不完成、做多少是多少、做什么都已经是功德的退休者、赋闲者的养生心态。

公益真正需要解决的是在社会高速发展之下，必然会持续出现的各类新问题、难问题、边缘问题以及深刻问题。

要解决这些问题，需要的是创业者的激情，创业者的勇气，创业者的锐度和创业者的拼命精神。而这恰恰和公益行业占据很大流量的"退休情绪"，是相冲突的。

做公益当然需要资金，可奇怪的是如果一个团队的公益起点，是用资金来发动的，这个团队反而做得不会很好，走得不会长远，做事的纯粹度也不会太高。最后综合评估下来，他们的公益生产力往往不如用心做公益、资金匮乏的人的公益生产力。

从表面上看，我都有钱了怎么还做不好公益？我们通过调研得出的结论，回答了这个问题。用钱发动的公益由于丧失了心力，容易招来投机派

和骗子，反而让公益的能量损耗严重，公益路径的弯路更多；公益的使命变数更大。

所以，以赋闲心态、退休心态、养老心态、尝鲜心态，以及给自己增白、美化心态做公益的人，往往都做不好。平时都说得很好听，一到动真格的马上就不行。嘴上说得很美丽，一到提到成果了就提交不出来，这是公益、慈善行业艰难发展一个很重要的原因。

公益需要的是"直接行动派"，而行业里的"情感绕道派"实在太多

2020 年这个春节，其实映照出来了很多公益组织的真实面目。真正在这个状态下参与做公益的人非常少，绝大多数公益组织都处在停摆状态。有些公益小伙伴居然在那感慨说，成天憋在家里生活好郁闷，什么时候才能开工啊。

公益也好，慈善也罢，讲究的是快速反应，直接动手。只要有需求出现，你就马上"有工作"。这工作不是从团队里给出的，也不需要等待政府下命令，而是直接来自社会上的现实需求。

打个比方来说，我们画一个三角形，三角形的三个角，一是我，二是需求，三是领导或者说命令。很多人的习惯是，他明明看到了业务的需求，并且与业务的需求也直接建立了直线的联通关系，但他就是要等业务需求传播到领导那，等领导把它分门别类后，再分派到他手上，他才觉得可以行动、可以"复工"。

而实际上，在公益、慈善领域，每个人都是直接面对业务需求本身的，领导也好，资助方也罢，都只是他的支持者和配合者。

我们形象描绘出来的还只是个三角形，在一些机构可能是五边形、六边形甚至十边形。他明明可以直接参与干预的业务，非要等到业务"上传"到层层的领导那，然后再层层下拨，他才有所感应、有所开启。

拿这个三角形，还可以形象比喻我们公益、慈善行业最艰难的另一个

问题，就是很多人所谓的情感和情绪，不是直接作用于需求上，而是绕上一层又一层，走到所有的能量衰退殆尽为止。

公益、慈善行业里情感派太多，本来他对社会需求、生态苦难有所感应之后，需要做的是马上直接介入需求点，用自己的直接而快速的行动，边试着解决问题边呼喊更多的人来帮助。

可是现实却是，这些人光顾着抒情去了，绕了一道又一道，过了一山又一山，就是不肯直接出手。在他们看来生气、唱歌、说话、演讲，甚至是给他人上课就可以了，然后再争取让其他的人做，自己继续袖手旁观，继续抒发情感就好。

这也是公益、慈善行业一道奇特的风景。讲起问题来，个个头头是道。讲起意愿来，个个眉飞色舞。而一旦行动起来，个个马上就退缩了。

我们新共益做过很多次的测试，一旦要去行动了，不管是成为前线的行动者，还是帮助前线行动者筹款、敢于实际操作的人，都非常少了。先是愿意报名的很少，再就是报名之后能如约完成任务的，更是少之又少。而完成一次任务，愿意一次又一次接续完成新任务的，则真的是凤毛麟角了。

所以，公益、慈善行业的全职工作人员非常可贵，非常值得我们尊敬和支持。因为他们可以说是少之又少、少之又少、少之又少的国家特级珍稀物种。

公益组织运营的三道天险关隘之"团队关"

文/林启北

早些年我在做公益的时候，经常会被人灵魂追问：你的团队组成如何？你这个项目可以复制吗？你这个项目具备可持续性吗？我想大概公益创业者都会被"灵魂三问"吧！其实在我看来，这三个问题，既是问题也不是问题。

说是问题，是因为问的人，往往是拿着社会上其他行业通用的经验来比对，尤其是商业领域的那些做法。一个人要创业就要有团队，一个人要创业就要可复制，一个人要创业就要可持续发展，等等。通过大数据表明，公司的平均寿命不过两三年。绝大部分的商业公司，其实不过是一个老板聘请一些员工而已。

但在公益行业就是很奇怪的要求，一个人做公益创业，就一定要有核心团队，就一定要可持续，就一定要成为百年老店。不知道这样的理念和信仰，你们是从哪里来的，还真以为自己资助的钱，就够养活一个团队了吗？

说不是问题，确实又说不过去。因为公益人要想解决社会难题，确实需要有一个坚硬而强大的核心。但光有一个核心是不够的，一个人怎么看都显得比较简陋，比较让人担忧。只要公众期望这个人想扩张、做大、做好，那这个人就要成为公益事业的创业者。而一旦要成为公益事业的创业者，那么就要考虑资金、运营、团队、项目等，这些通俗却又非常实际的日常之事。

但是，要求所有公益机构在刚开始就有团队，又确实有些勉强了。有人说，公益很多时候是一个人对世间一些问题的自我见解。所以，他有时候不需要团队，也找不到团队，因为那只是他内心自我的理想。他像暗夜一颗孤独的星星，难以被人寻找。

在中国，做公益是因为所面对的大部分事情，在原有的社会体系中没有解决，所以需要用公益组织这个部门来解决。他们本身又很难找到团队，因此他们注定孤独。在他们看来，他们的独立思想和自由精神，是不需要团队的。甚至认为团队会对他们的独立思想和自由精神进行钳制，而导致他们无法发挥其应有的公益生产力。所以，面对这些具有独特公益生产力的人，我们必须容忍他是一个"独行侠"，让他能不被"团队"所束缚，展现他极其优秀的公益创造力。

随着社会的发展，公益已经成为一个行业。一旦公益成为行业，自然就会有行业的生态系统，有利益相关方组成的复杂多边博弈关系网。在这样的关系网中，如果一个公益人，只是以个体的形式而存在，会让这个行业认为，他似乎有点扶不上墙的感觉，公益人自己也觉得，有些不好意思向社会公众交代。

于是，就又勉为其难地，模仿社会上那些已经成熟的体系，成立各种各样的机构，制定各种各样的制度和行为规则，邀请各种各样的人，进入公益行业里，把公益当成一种职业，来释放其解决社会难题的能量。

在这时候，公益就不能是个人化，甚至不能只是社群化，而要是正式的组织化。个人从业者也不能志愿者化，而要职业化。一旦涉及了职业化，就要成立机构，就要有组织和团队，就要设计运营管理模式，就要为了生存和稳定而筹款，就要为了做项目而筹款，就要在筹款时考虑行政、财务、传播、广告、会议、论坛等辅助系统的费用和支出。就不能只是为了行动和倡导的费用而去筹款，就不能只是为了支持公益前线行动者的工资而筹款。

在这时候，谈论团队就不是奢侈也不是夸张，更不是虚妄了，而是公益行业实实在在的发展需求，也是对公益人，尤其是民间公益人提出的最大挑战。在这时候，如果要拿有一个"团队"，去衡量国内这些年出现的公益人，哪怕是所谓的公益领袖，我们会惊讶地发现，民间、草根公益人的团队运营能力，确实需要提升。

我们研究并拜访了国内一批优秀的公益人，惊讶地发现，那些我们以为该有团队的公益领导人，似乎一直都没有团队；那些对外声称有团队的公益领袖，其实也没有真正像样的团队。考虑到这样的研究和观察具有广泛性，因此，我们在这里就不进行具体的指名道姓。

在我们的调研过程中，有人开玩笑说，公益行业虽然女性多，但女性公益人，似乎更不适合发展型的团队。由于我们观察的样本还不够丰富，对这样"玩笑式的结论"，目前还没有办法得出有效的研究意见。

如果我们掰起指头来细数，确实会发现，在中国民间公益人中，有多年经验的公益组织负责人，确实在从事公益事业时，一直是"孤独到老"，他们一直想要构建团队，但似乎团队总是捏合不成、聚集不力、发展不畅。而那些慕名而来的有志青年，待不上几个月就飘走了；那些信誓旦旦要长久在一起的，不到半年就背弃了初心。

所谓的团队，用我们新共益的观察来定义，就是至少有三个及以上的人员，组成一个共同体，有共同的目标和理想，愿意共同承担责任、共享荣辱。在团队发展过程中，经过长期的协作，达到共同的目标。

这里面涉及好几个指标，比如三个人以上；比如长期（三年起）；比如共同的目标；比如解决难题的同时，保障了成员的共同成长。如果你现在是在公益团队中，可以参考一下自己的团队是否具有这些指标。

我一直说公益是一片蓝海，有很多的机会，比起社会上的那些红海行业，公益人成长的空间和机会要大得多。但蓝海也有蓝海的弊端，由于整个行业相对比较松垮，公益行业的竞争性比较小，导致公益人一旦内在动力不足的时候，很容易降低对自己的职业要求，导致职业对个人的训练和提升作用严重下降。

可是，在红海的那些行业，一个人再怎么不思进取，行业外在的胁迫力和高压性，也足以让一个人保持足够的职业伦理和职业准则，从而遵守基本的职业道德和要求。在很多时候，这甚至是一个人保持进步的主要动力。

但是，在我们新共益的观察中发现，公益行业的团队发展方式，与其他行业很不一样。不管是为了社会创新的需要，还是公益行业自身的一致性需求，公益人的团队发展方式，在我们看来是最适合的，是《重塑组织》里提到的"青色组织"模式，我们也将其比喻为"生态群落"模式。

按照《重塑组织》的理念，"青色组织"是最适合民间公益行业的团队形态。"青色组织"成员有完全的自主能力，"青色组织"成员聚集在一起的原因，是因为共同的宗旨，而不是共同的愿景和目标。"青色组织"的人不对其他人负责，只对自己想要做的事负责。"青色组织"不搞终身制，取决于成员的爱好、天赋和技能，如果自己没有想清楚，才需要组织的协调者去安排。

而要发展"青色组织"，就需要把团队当成一个生态群落来对待。互相之间没有层级关系——哪怕是扁平层也仍旧是层级——只有合作关系。在青色组织里，人不是组织的隶属者。组织或者平台只是人的支撑工具，它只是隐性存在，人才是显性存在的，人是品牌化的、明星化的、聚焦化的。公益行业的"有能力者"，也未必要成为其他人的领导人，而是成为这一生态系统资源的协调者。在这个生态系统里，你可以获得资源的供给，实现这一生态系统的使命，也需要为生态系统的发展，贡献自己的资源。

我们在推动公益筹款的时候，就一再强调，要相信公益人自身的定位和发展方向，要相信公益人自身的内在驱动力，并且要知道公益创业失败是正常的，成功是偶然的。因此，我们要给公益人筹工资、筹自由发展资金。

同样地，这样的事情在公益人团队内部也是如此。当有人加入团队是基于共同的目标时，你就应该支持其发展，而不是谋求对其控制和管理。只要他是基于这一生态群落的共同使命，你甚至要做好准备，他跟你完全不是同一个物种，不是同一个话语体系。但是你需要接受他是这个团队生态系统的一员，唯有如此丰富的团队成员，才能让团队走向使命的成功。

正是因为基于这样的信念，我们对任何民间公益人，都抱有积极的支持和相信的态度；我们对任何民间公益人，都尽我们所能以支持其创业和自主发展的模式。我们所做的一切都以公益人为核心，因为我们相信公益人会以他的公益目标为核心。我们相信只要有行动，就会有成果推动这个社会的发展。

我与我团队的伙伴，即使在完成我们自己使命和目标的同时，也愿意化身为你们团队中的一员。只要你们的使命，有助于吸引更多的人加入公益行业。从今天起只要你愿意，我们就是你团队中的一员，你可以使用我们所拥有的一切可以共享的资源。我们只愿能协助你，在完成你的使命的时候，我们能够与你共同前进！

法律、政府、企业、平台都在出手，
民间草根还有必要参与环保吗？

文/周易经

好消息出现的时候，常常伴随着坏消息或者坏消息的感觉。

据说有一些民间生态环保组织最近很是恐慌，他们觉得自己没有存在的价值和必要了。

因为，从法律上来说，2020 年 2 月 24 日，全国人大发布了严厉的保护野生动物的"决定"，一副凛然气象。而且，《中华人民共和国野生动物保护法》正在紧锣密鼓地修订之中。补位式的过渡性的"决定"，会很快由更有地位的"法"所强化和固化、持续化。

因为，中国共产党中央委员会办公厅、中华人民共和国国务院办公厅发布了关于环境生态治理相关的一些坚定要求。这也是从大生态、大环境的角度，进一步强化了保护生态健康，消解和预防各种"疫情"的决心。

从政府来说，无论是生态环境部、自然资源部、农业农村部、市场监管总局、公安部，还是国家林草局、国家海洋局，都在纷纷出台相关严厉措施，一副不把生态环境治理好，就要对全国人民拜倒谢罪的姿势。

从企业、平台来说，几乎有点互联网平台可能性的公司，都想在生态环境保护上做点功课。无论是百度、阿里、腾讯，还是新浪、搜狐、网易；无论是头条、美团、滴滴，还是京东、拼多多、云集，似乎，都在声称，要用大数据、大智能、大流量，来引领公众、服务公众，参与生态环境保护的治理。

此外，大媒体，大基金会，国家级协会，这类有钱、有权、有势、有能量与生态环保有关无关的"大平台"，在今年起都开始与生态环保紧密相关了起来。都在各种表态，各种发布消息，各种办法提供资源和通道。

在这些举世瞩目的各类"大势力"面前，民间的、草根的、基层的、前线的生态环境保护团队，似乎一下子，丧失了存在的必要性。丧失了接下来的业务方向。

还有什么值得民间生态环保行动者去做的呢？还有什么需要草根的生态环保人士去参与的呢？

其实不然。非也非也。

真正的生态环保组织，永远能看到社会上看不到的需求，去做社会不敢做的业务，探索社会没开始探索的思想边界。所以，永远能找到全新的最适合的业务方向。

但可惜，很多生态环保组织是滞后于时代需求的，是不思进取的，是抱残守缺的，是故步自封的，是一招鲜吃遍天的，是一套PPT讲上"一万年"的。但即使是这样的生态环保组织，在今天各种生态环保势力大规模扬言要进场的情况下，也仍旧有非常多的业务空间。

如果立法就能够迅速改变野生动物保护的凄惨状态，那么，中国早成为世界上生态最文明的国家了。可能很多人不知道，中国的立法速度和立法数量，其实在全球是非常领先的。

如果商业公司的一些软件应用就能够保护生态环境，那么，所有人只需要坐在家里敲电脑、玩手机就行了。可惜，信息虽然跑得快，却无法真正地执法，无法真正清理污染，拆除兽夹，起诉污染企业，甚至无法真正地发现问题。信息虽然收集得齐全，对于那些长期习惯于撒谎和敷衍的职能部门的工作人员来说，信息的泛滥只会让他们厌烦和愤怒。他们不缺乏真相，他们缺乏面对真相的勇气和能力。

如果大平台就等于大能量的话，我们光拉些旗帜，喊些口号就足以改天换地了。可惜，越是大的平台，越是虚弱。越是看上去有权有势的平台，资源的能量越是被个人夺取去以谋私利，打着公益的旗号，做的全是资源交换的勾当。

具体来说，2020 年之后的生态环保组织，在以下几个方面，还是大有作为的。

（1）全力清理旧账。中国过去几十年，大地上布满了捕捉野生动物的杀手。具体可参看我们此前发表的倡导——中国野生动物的 6 大致命杀手，里面有你吗？同样，中国过去几十年，是环境污染最剧烈、最频密的几十年。几十年来人们往大地里埋了多少危险废弃物，可能没有人说得清；现在仍旧在各种夜幕掩护下悄悄地进行。光是这一项，组织生态环保旧账清理团队，就足以让生态环保组织去费心尽力地去挖掘、去清算的了。

（2）紧盯污染预防。由于疫情的影响，经济发展会遭遇到一些挫折。仅仅是开工不足就让很多企业叫苦连天，因此，在排放上会有所放肆。既然这样，那生态环保组织恰好大有监督举报起诉倡导的作为空间。

（3）发挥想象力，探索生态公益诉讼。公益诉讼民间组织的原告提起率还非常低，比起检察院来说，数量基本上不在一个量级，而当前中国有资格提起生态环保公益诉讼的民间组织越来越多，这时候，正是大力提起生态公益诉讼的好时机。著名生态公益诉讼律师曾祥斌老师，最近有一篇文章，值得参考——环境公益诉讼的三大障碍。

（4）积极回归家乡，成为生态村、生态社会、零污染家乡的实际推进者。各种经验表明，一个社区要想真正启动生态方面的全方位建设，除了当地政府和公众的支持之外，外来的生态环保组织的协作、启蒙、引领、监督的力量也非常重要。你的家乡还好吗？不妨回去好好看一看，回去成为家乡的建设者而不再像过去那样成为破坏者或者抛弃者。

（5）参与商业浪潮里的生态研学和垃圾分类。经过生态环保组织几十年的启蒙和引导，生态研学和垃圾分类这两大块庞然无尽的巨型业务，算是全链条地进入了政府协作加商业解决的新发展体系。当然，生态环保组织一样可以在这样的大潮流里分到自己应有的业务。只是，这时候，不一定要再强迫自己成为生态公益组织，完全可以用商业的思维来改变运营模式。这个过程，可能是痛苦的，也可能是愉悦的，就看个人的性情和团队的造化了。

（6）监督政府。政治学的研究表明，法律越是赋予某个政府部门强大的职能，这个政府部门腐败的可能性越高。因此，当法律赋予了原来的弱势部门在很短的时间内成为强势部门之后，这个部门的执行能力一定会跟不上时代的要求。而腐败能力却可能快速膨胀。在这时候，通过具体的一个个的案例的测试，完全可以监督一下与生态环保有关的政府相关职能部门的真实能力。同样的道理，大企业、大平台、法律，也属于监督和促进提升的范围。说话容易，做到很难。撒谎容易，兑现很难。这些大势力越是难，生态环保组织就越是要帮助他们容易起来。

可以做的事，还有很多，我们这一次，先列出六大条。以上这些业务建议，希望对恢复你的信心，振作你的精神，辨清你的方向，开拓你的业务，确保你的成果，壮大你的声望，起到一定的作用。

中央下决心了，全国最强
"野保天团"，也该出动了

文／一县一大案

2020 年正月初一，中央政治局开会，讨论疫情的时候，关于野生动物保护，说得还不是特别明显，不是特别坚决。所以紧接下来的市场监管、国家林草、农业农村三个部门出的"全国业务指令"，也仍旧有一种熟悉的云淡风轻之感。让人多少有些失望。

当然，"生态健康行动组"很明白，疫情当前，最重要的是保护全体老百姓，让受损伤的人越少越好，让受害的人越少越好。

但万事都有本源，控制疫情，从末端进行防治，非常壮烈，非常紧急，非常必要，非常耗费资源。但一旦追根溯源，我们就会发现，要想彻底控制疫情，必须逆转中国人与野生动物的关系。

这转变的路径很简单，就是从原来的国人对野生动物的伤害、杀戮与无情利用的敌对关系，迅速转变为拯救遇难的野生动物，善待每一只野生动物，保护野生动物家园的亲密友好关系。

这个转变的决心，在 2020 年 2 月 3 日的政治局会议上，得到了体现。这次的会议公报里，有一句话是这么说的："有关部门要加强法律实施，加强市场监管，坚决取缔和严厉打击非法野生动物市场和贸易，坚决革除滥食野生动物的陋习，从源头上控制重大公共卫生风险。❶"

这个"决策"出来之后，全国各地行政管理者的态度，都真的发生变化了。

比如，民间野保界公认的"中国捕鸟贩鸟第一城"天津市，就开始筹备出台"野生动物管理规定"，并向社会征集态度和观点。

生态健康行动组，当然不会放过这个机会。可以这么自豪地说，全国最强大、最积极、最勇敢的民间野保行动团队，都是我们的盟友。比如拯救表演动物团队，比如让候鸟飞团队，比如反盗猎重案组团队，比如懿丹野保特攻队，比如东北野战军团队，比如让鱼儿游团队，比如反电鱼团队，比如回归荒野团队，比如中卫黄羊保护团队，比如绿会穿山甲工作组。这些团队合在一起，定是中国最强野保天团。我们从这些盟友身上，汲取到了非常宝贵的行动经验和保护智慧。

我们把这些特别强烈珍贵的经验，提炼集结为以下十条野保良策，发送给了天津市的有关部门。

当然，从 2020 年 1 月正式成立的那一天起，野生动物保护和环境污染防治，就是生态健康行动组的主要工作内容。现在，有了中央的如此高明的决策，我们的信心更加充足了，行动更加坚定了。

我们为此发起了面向全国的"阻疫野保行动"，希望能够解救更多的野生动物，希望能够阻止疫情再度暴发。

这十条"野保良策"是：

第一，请国家各级林草部门，收回、销毁所有颁发出去的"野生动植物驯养繁殖许可证"。请国家各级市场监管部门，收回、销毁"野生动物经营利用许可证"。请国家各级卫生检疫部门，收回、销毁"野生动物卫生检疫合格证"。请所有与野生动物保护相关的部门，取缔本辖区内的野生动物交易市场、摊点、仓库。请各网络平台，取缔敢在网络上进行交易的各个站点、关闭社群和账号。

第二，请全国人大立法，取缔"野生动物驯养繁殖许可"制度。请全

---

❶ 习近平 2 月 3 日在中央政治局常委会议上的重要讲话［J］. 求是，2020（4）.

国人大立法，明确全国所有的野生动植物都受到政府的严格保护，所有野生动植物都是"国家特级保护动植物"。不管是水生的，还是陆生的，不管是昆虫，还是微生物。全国所有地区都是"禁猎区"，全年所有时间都是"禁猎期"。

第三，请全国已经收藏有捕杀的野生动物制品的冷库、保鲜库、标本库、药材库，通通自行销毁。并将销毁的过程录制下来，向社会公示。

第四，请全国有持枪证的猎人，把枪支弓弩等上缴政府部门。请全国所有到山上下钢丝套的猎人，把自己布设的钢丝套收回。请全国所有到湿地、林地、田地、菜地里下毒的"毒人"，把自己下的毒捡收回来。请全国所有到山上布设电网的人，把自己布的电网全部收回。请全国所有到河流里电鱼的人，把电鱼机就地销毁。

第五，请全国所有的马戏团，释放其圈养的那些野生动物，不要再利用它们给自己谋利；请全国所有的动物园、水族馆，把从全国各地、世界各地，非法买卖来的野生动物送回他们的家园。请全国所有的标本爱好者，把标本送到科普馆，完成它们启发人性的使命。请全国所有的宠物养殖爱好者，把自己偷捕、偷买的野生动物，送回他们原来的家园。请所有养鸟取乐的人们，打开你们的鸟笼，让笼中鸟儿回归自然天地。请全国所有以濒危野生动植物作为药材的人，都把这些药材销毁，从此不再使用濒危野生动植物入药。

第六，请加强监管和打击力度，对全国所有农村、城市、网络市场上销售的野生动物伤害工具进行没收和销毁，对从业者进行惩戒和处罚。尤其是彻底清除捕鸟网、钢丝套、兽夹、毒药、捕鸟兽电网、电鱼机、诱鸟兽器、激光弩、弹弓这些严重伤害野生动物的利器。

第七，请政府明确承诺保护中国大地上的所有野生动植物。全国农业农村部门在 2020 年 3 月前，颁布新的国家保护水生动物名录。请全国自然资源和国家林草部门，在 2020 年 3 月前，颁布新的国家保护动植物名录。

第八，请全国所有的市场监管、自然资源、农业农村部门的工作人员，全部接受由民间野保行动专家授课的野生动物基本知识培训。每人至少认识 100 种常见野生动物，避免在执法时因为无知而闹行政笑话。此后每年至少复训一次。

第九，请全国所有有意愿的公众，都成为讲道义、有良知的"野保志愿者"，自己绝对不吃、不买、不杀、不药野生动物，同时为了人类自身的健康，随时举报各种伤害野生动物的案件。举报之后，还要保持观察，除了监督案件的解决过程，还监督政府工作人员在解决这个问题时的态度和能力，并把这个过程和状态，用新媒体全面直播到社会上。

第十，请所有的野生动物保护组织、个人，都争取成为本地的生态健康行动组成员。也请社会各界人士，相信他们的能力，支持他们的行动，把线索报给他们，把资金捐赠给他们。

保护动物、阻击疫情，至少需要六大本领

文/林启北

我们这两天在准备上线一个全新的"定向"众筹项目。这些资金募集到之后，会全部用来支持"生态健康行动组"。

当然，我们今天会继续为生态健康组的优秀伙伴，"东北野战军"曹大宇团队，募集资金，我们预期的第一阶段小目标，是一万元，现在还差不到3000元就募集到位了。期待支持野生动物保护，希望不再发生更多疫情的朋友们，能够伸出相助之手。

我们要上线这个项目的原因，很简单，中国当前还有人仍旧习惯于滥捕、滥杀野生动物。得有人做点什么，去阻止这些事情的继续发生。

如果科学家的分析推理是正确的，那么，野生动物过去，现在和未来，都是很多病毒性疫情的"传染源"。

这些疫情涉及的不仅是非典型性肺炎（SARS）、新型冠状病毒肺炎，也涉及鼠疫、禽流感、猪流感等，还有许多不明原因的疫情，也是潜在的威胁。

可以说，即使这次暴发于湖北武汉的新型冠状病毒疫情顺利过去了，未来，也很难说，是不是会有新的病毒疫情再暴发。

因为人类不可能通过消灭地球上所有的野生动物，成为地球上唯一的

生存者。

因为，人类只有与野生动植物，与天然生态系统，保持和谐友好的关系，大自然才可能成为人类的庇护者。

人类只有成为野生动植物的保护者，让它们不再遭受某些人类的残杀与虐待，野生动植物才可能帮助人类，远离各种各样病毒的威胁。

为此，中国需要一大批的野生动植物特别保护行动组。

为此，我们找到了富有行动力和环保爱心的环保志愿者，成立了"生态健康行动组"，全力以赴，致力于阻止疫情的再度发生。我们找到了富有经验的环保专家，当他们的统筹者和培训师。我们找到了擅长筹款、财务披露和业绩传播的团队，协助他们的全程行动。

生态健康行动组所有组员明确承诺，2020 年 2 月 2 日开始，他们将用自己所有的精力和能量，用来阻止全国各地的野生动物伤害事件再发生。这些事件包括捕捉、持有、运输、销售、消费野生动植物和野生动植物制品。这些事件包括制造、推广、网络销售各种各样的捕捉野生动植物的设备和方法。

生态健康行动组，目前最少可确定 20 个人，在全国全年从事野生动植物的保护事业。如果有更多的需要，这个人数可上升到 100 人。为保障这些人的行动成功率，我们本次不公布这些人的真实名字。生态健康行动组首批 20 名核心组员中，只以一号组员、二号组员、三号组员这样的形式来呈现。

这些人，都来自民间自发的野生动植物保护团体。他们都有长期的实战经验。他们有很多擅长的本领。

他们擅长的本领之一，是通过在地化、社群化、有组织化的干预行动，直接在野外发现和阻止捕猎行为的发生，阻止更多的环境污染者破坏野生动植物的天然栖息地。

他们擅长的本领之二，是通过明察暗访各种各样的养殖和销售野生动物的窝点，通过举报和现场监督，促进这些违法犯罪行为得到政府执法机关的有效解决。

他们擅长的本领之三，是通过最简易的方式开展最有效的野生动植物伤病救治。

他们擅长的本领之四，是通过网络各个平台的持续监察和巡视，举报敢在网络上非法销售野生动植物的违法犯罪人员。

他们擅长的本领之五，是通过与新媒体、媒体、律师、政府相关部门的合作，促进政策法律的完善和公众野生动植物保护意识的提升。

他们擅长的本领之六，是擅长把这些真实发生在中国大地上的案例，转化为真实可感的教材，成为随时可学的实战技能，引领更多的人成为"阻止疫情野保行动者"。

为此，我们准备为这些野保英雄们，环保硬汉们，募集2020年及今后开展工作的费用。

原因很简单，这些野保英雄，环保硬汉，他们不仅保护野生动植物，也保护野生动植物的栖息地。他们通过阻止环境污染和栖息地破坏，通过提升公众的环境保护能力，阻止更多隐性的、潜在的疫情发生。

"锐度"与"社会压差"是商业取得成功的本质，生态环保呢？

文/周易经

中国社会中的每个成年人可能都在考虑如何成立自己的小机构或者工作坊，只要一有机会独立，绝对不会在机构里甘居人下。

因此，一旦你已成为机构的负责人，对于员工和伙伴，要一直用允许分裂、鼓励分裂的思维来经营；甚至要用支持其创业的思维来鼓励其在你的母体里生存和发展。

当然要做好两个准备，一是进来的人多于出去的人，保证公司自身的动态稳定。二是尽量让分裂变得友好和合理，即使到了社会上，大家也能够各自有尊敬和怀念，而不是互相结仇。

某公司的一件产品、某公益组织的一项服务，能够在社会上、市场上获得成功，原因非常简单，就是找到了这个产品、服务进入市场的"锐度"。紧缺型的商品当然天生具有锐度性，一出生就受到社会的追捧，需求制造出了锐度。充足型的商品有些也能够卖得很好，那是在营销上设计出了鲜明的锐度，让公众产生了消费冲动。这是销售方的策略所制造的锐度。

同样的道理，一个人在社会上创业能否成功，也是要靠锐度。就如一些科学家所言，动物力气最大的时候，是饥饿的时候，而不是吃饱的时候。吃饱了让人产生困倦，让人只想休息和依赖。

通过进行中国创业活动分析，可以看到，如果创业只有一代人，然后基本上就解体，家庭很难承继，团队也前行乏力。其实这也是符合这个锐度原理的。无论是政治还是军事、商业，第一代人出于自身的摆脱贫困或者发展创业的强烈愿望，浑身保持着强烈的尖锐性，因此，越是没有资源、越是得不到支持，自身的内在能量越是得到爆发，探险精神和解决智慧同时在身体内表达。这样，其创业往往能够获得成功。其冲天之力往往会坚持到年老退休时仍有余力未竭。

但富二代，无论是公司、机构的守成一代还是家庭的子女承继的一代，由于其出生于或者就职时，在机构已经到了某个高位。导致其产生两个自然的感觉，一是到处是资源，二是自身比别人有优势。

却忽略了两个更重要的事实，一是由于自身富有资源，就长得比较"肥嫩可口"，已经被社会上很多人当成了资源。员工一心把公司当成谋利的对象，周边的人也随时想过来咬一口。二是比别人有了优势，就会有了堕落的压差，而没有了上升的压差。

一代人创业成功的节点，才是真正最危险的内忧外患的节点。如果这时候公司的创始人自身的锐度也开始下降，进取力衰竭的话，指望把创业动力移交给下一代来经营，往往是失败的。

从社会能量来分析，原理非常简单，就是锐度消失了，社会的压差也弱化了。锐度消失，是因为公司的二代和子女，自身对已经取得的成就非常满足，已经取得的成就也给了这些人以充足的营养，导致其每天过上温饱不愁的日子，很天然地丧失了进取心和发动力。

社会压差不足也是同理，创业如同登山，山顶越高，一个人与山顶之间的压差越大。个人越无知，越愿意去学习。越穷困，越愿意去致富。越衰弱，越想去锻炼。但二代基本上既不会觉得自己无知，也不会觉得自己穷困，自身的营养获取和健康保护也被照顾得非常周全，这样导致二代三代很天然地感知到社会的压差非常弱小。

一个人能否取得成功，起步的时候靠的是内在的动力，更多的时候靠的是吸取外部的压力，再将压力转化为内在的动力。这样才可能永远保持着社会强大的压差。

所以，无论是商业组织还是公益组织，无论是严格意义上的组织还是松散的社群，如果要想鼓励员工出去创业或者拓展公司的业务，必须在员工的创业锐度上想办法，在制造社会压差上想办法。

（1）要在给予初步的创业方向之后，每年给其比较高昂的年度收成业绩目标。用当前状态与业绩之间的差距，制造压差。这个要学华为。他们分派往各地区尤其是海外的开拓型负责人，每年的任务都非常重大。完成者得大奖，不完成者自然淘汰。

（2）当然，同样要让脱颖而出者得到丰厚的回报，无论是职位上的还是资金上的、名分上的。这时候一定不要舍不得，给予得越多，公司的收益越好，员工与公司的黏性也越强。同样，封官就如盖房，你对员工封的官职越大，你自身的官职才可能越大，楼层才可能越高。这一点，公益组织具有天然的优势，公益组织别的没有，官职都可以封得很大，动不动就是全球独一家。

（3）员工的选择尽量选择没多少经验的年轻人，或者在公司里尚未得到重用尤其是没有成为高层的人。因为他们以前一直处于属下和副手的位置，真正的能量尚未得到发挥，而一旦被授予正职，就有可能爆发出你意料不到的能量。

（4）赛马机制，让市场和自身的发挥来选择，而不要用高层来指定。这点要学腾讯。腾讯当时微信有两个队伍同步设计，哪个先市场化就支持哪一个。结果张小龙团队比另一个团队早了一个月，张小龙从此成为"微信之父"。从市场上说，网易的易信也就比微信晚出不到多久，但头马已经开跑之后，没有人对第二匹马感兴趣了。因为，我们做任何事，要有全球化的思维来设计，可同时抛出多支团队，指向不同的空白区域。每个团队确定一个核心负责人，由他组队。一年后做得好的，可吞并其他团队的业绩。

民间环保，需要"持久战斗力"

文/周易经

如果说中国真正有民间环境保护行为，甚至可以称得上民间环保运动的话，那么，我们知道的历史，估计也只有几十年。比一些年轻人的年纪要大，比一些年长者的岁数则要小。

但可惜中国的民间环保运动、民间环保组织、民间环保领袖，似乎是缺乏传承的，稍微年轻一点的人，就不知道十年前的旧事了，更不知道十年前的旧人了。不要小看十年前的旧事，有一些事在当时也曾经激荡过一些暴风骤雨；不要轻视十年前的旧人，有一些人在当时甚至被评为"世界领袖"。

想到这里，多少有些悲凉。我们也知道，中国的民间，大概只能有民间的活法，必须按照民间的日历和年历去计件和数功。如果凡事都参照官方的目光去横扫，那么中国的环保，基本上是与民间无关的，在官方的文件或者报告里，民间环保人士最多被称为"环保志愿者"，或者"热心群众"。

既然如此，不用悲伤，也不要考虑什么团结，更不要计较是不是名留青史或者新闻报道，民间环保人士最需要做的，其实就是接力，或者说，持久之为。

考验一个人是不是民间环保人士，考验一个人是不是民间环保行动者，只需要填写一份表格，表格上也只需要一处空格：你从事民间环保事业，有多长时间？

多长时间才算足够长呢？也许，五年总是要的吧，十年太久的话。

时间足够长了，才有资格讨论持久战斗力。

有了足够长的时间来打好基础，我们才可能对"持久战斗力"进行分角度的分析。在我们看来，至少需要从四个层面来反复参照。

一是社会层面。整个社会需要有人时刻提醒环境危机，并时刻播报具体的环境冲突事件，不管是以社会新闻的形式推送出来，还是以具体的狭隘的环境维权运动的形式播发出去；不管是以官方报道的样式被有意识地控制化传播，还是以自媒体、小道消息的方式在互联网上自由穿梭，反正，一个健全的社会，必然是追求自然生态健康安全的社会。而要想维护或者说保障自然生态环境的安全，每个人就需要有一根神经是与自然生态环保相联结的，有一根天线随时接收来自生态环境的实况监测报告。

二是政府层面。政府虽然承诺负责生态环境保护，但承诺容易泛化。生态环境保护只是政府工作能量表达的极小的一个部分，政府是一个多种力量互相角力的能量综合体。民间环保人士总是暗地里希望生态环保能够占的权重高一些，能够随时都成为综合角力的胜出者。却不知道，任何的经济行为，都可能以破坏生态环境为代价甚至是前提条件。而在经济发展为最重要的人性砝码的时代，生态环境保护想要绝对胜出，基本上是不可能的。而民间环境保护行为，能够争取到的也只是偶然的许可和支持。从时间来说，一年有那么几次偶然。从地域来说，一个省一个市有那么几次偶然，综合起来，就算是对生态环境保护的最大支持了。民间环保人士需要保持高度的警醒，不要把一次当成一万次，不要把一个可能当成无数可能，不要把偶然当成必然，更不要把局部当成全面，把暂时当成永久。

三是民间环保人士自身。一个人热爱自己的行为，就需要为自己的行为付出代价而且是持续的代价。一个人相信自己的行为，就需要持续把自己的信念向社会广泛传播。因此，一个民间环保人士必须大量地介入具体的案例，并在案例的解决过程中，循环不断地向公众、社会和政府宣讲，以影响所有可能影响的人，而不必计较这些人是有影响力的人，还是没有影响力的人。因为有影响力的人可能成为没有影响力的人，没有影响力的人也可能在瞬间爆发一丝丝的影响力。社会是一个不确定的巨大生态体系，在这个混杂、多维度的体系里，谁有可能影响他人，已经难以估算和预料。唯一的办法就是持续面向社会做功，不管这能量是在耗散还是在集结，是增熵还是负熵。

四是案例当事人需要持久用力。一个案例不可能一次就实现环境正义，只有非常冷静客观地与其周旋和博弈，才有可能逐步缓解和改善。即使有新闻报道支持，有领导批示，有公众情绪作后盾，有律师和媒体来相帮，突然天降大任一般实现了突破，事后也一定会有反弹和起伏。解决一个问题不可能只靠一种手法，只有采用多种手法轮番上阵，才可能让伤口永远愈合，才可能让事情的疼痛得到社会上更多能量体的重视。而一个案例背后往往有无穷的法律、政策、社会、文化等综合原因，借着案例的势头持续挖掘和钻研，也是一个聪明而坚韧的民间环保人士的必备素质。

做环保，光会写文章，已经跟不上要求了

文/周藏经

生态健康行动组，未来想怎么样发展？总有一些捐赠人，会来追问我们的灵魂。

我们确实感觉到了危机。一个刚刚组建的团队，就看到了衰亡的可能和退场的征兆。

因为，时代变化太快了，我们再年轻，也年轻不过时代。时代每天都在新生，而我们很快会从二十岁，像浪花一样冲到三十岁，然后就是四十岁，五十岁。

年龄可以虚增，因为心态可以继续保持青壮。但年龄也可能猛增，因为心态可能老得比年龄还要快。

尤其当我们抱残守缺、不思进取的时候，尤其当我们缺乏了服务时代的需求的能力的时候。

我们开始的时候，以为自己是先进的，我们不仅要上现场调研访谈，我们还会写文章拍照片。我们不仅会宅在屋子里当"键盘侠"，玩各种信息追查和数据挖掘，我们也会通过互联网众筹，面向陌生人做宣导，带动更多的人一起来做环保公益。我们不仅会独立作战，我们也会合伙打拼。我们不仅会与专家合作，我们自己也能够成为专家。我们不仅举报倡导得

很流畅，我们还愿意把所有的经验和心得都分享给所有愿意来学习的人。我们不仅关注环境污染、生态破坏，我们也关注环保行动者、污染受害者的权益维护。我们不仅会运营机构也会发展团队。我们不仅会直接参与案例的解决，我们还会找到案例背后的法律和体制的缺陷，开展定向的倡导。我们不仅关注国内的濒危物种，我们也关注国际上的生态破坏。我们不仅会自己传播，我们也愿意接受采访。我们会尖锐地提出问题，我们也愿意与利益相关方好好协商。我们能够保持家庭的和谐，我们也愿意促进社会的和谐和自然的友好。

我们会做很多事，有那么一阵子，我们觉得自己可以无所不能，觉得环保公益已经没有了不可能。

但真相却是，我们发现了更多的不可能。

行动干预，行动传播，行动筹款，行动求知，行动研究，行动升华，在所有能做的行动中，我们在每一个角度，都有可深耕和提升的空间。

以行动干预来说，我们的干预手法还可以更丰富一些，我们的案例还可以更多样一些。我们的干预进度还可以更快速一些。我们的接单和响应能力还可以更强大一些。

以行动传播来说，公众最习惯的是视频，然后是音频，然后才是文字和照片。而我们更习惯的媒介是文字和照片，这妨碍了公众更多地与我们联结。公众看不到我们的存在，当然就不可能成为我们的支持者。无论是报料人，还是捐赠人。

以行动筹款来说，我们无论怎么样在前线努力，我们都似乎摆脱不了被当成草根和底层小众的命运，平台喜欢的是大机构，公众喜欢的是大明星，媒体喜欢的是大人物，我们似乎永远筹集不到足够用的款项，我们永远无法从容地规划明天的出征。

以行动求知来说，我们与知识之间，本来只缺乏一个关键词，但随着案例干预的增多，我们对关键词不再敏感，我们对关键词之后的关键词，更缺乏持续追进的动力。这导致我们多年以后，所知仍旧极其有限，所能讲的仍旧极其浅薄，所能参与的领域仍旧极其狭窄，所能结交的英豪仍旧极其少数。

以行动研究来说，当我们以能够到现场为荣的时候，发现更多的人也同样能够到达现场。当我们以参与案例的解决为荣的时候，发现我们所解决的都是皮毛级的小案例，人家盯准的才是更彻底的难题。当我们以能够写出行动记录文章为荣的时候，人家却能结合行动，提炼出高水平的论文，并且在传播性、通俗性上，比我们一点都不差。我们的优势由此尽失，我们的劣势由此尽显。

一切的行动都是为了升华，一切的案例都是为了倡导，一切的忙碌都是为了公众利益。但当我们沉醉于自身的陷阱不可自拔的时候，我们，刚刚出征就已经落后了。我们以为自己领先，是因为我们在一条单独的跑道上奔跑，这跑道上没有前人也没有来者，但我们却没发现，其他的地方，有更多的跑道，有更多的人跑得更快，跑得更好，跑得更漂亮。

光会上前线已经不够了，光会写文章已经不够了，光会众筹已经不够了，光会传播已经不够了，光会倡导也已经不够了。

必须再多一点，再强一点，再快一些，再准一些，再高一些。

没有能力的人，怎么做出好的环保业绩？

文/周藏经

昨天，我们发出了《做环保，光会写文章，已经跟不上要求了》这样一篇文章，引发了不少人的共鸣，也引来了一些疑问。

然而，我们的后台，却收到了这样的一条留言："我们普通人做环保，只是图个心安，非要这样那样的高要求，我们玩不来。我们是些没有能力的人，我们做不成的。"

这话引得我们四个小伙伴一夜难眠，我们决定到楼顶的露台上，看一夜的星星。看看星星能否带给我们一些启示。我们没有打酒，因为奶奶说了，春天不能喝酒，尤其是像我们这么年轻的男人，春天喝酒只会让秋天没有收成。秋天没有了粮食，到冬天，就没法酿造新的酒了。

我们能想出来的唯一办法，就是继续写篇文章，告诉那些没有能力的、没有能量的人，只要稍微做一做我们以下的功课，稍微套用套用我们以下的建议，就可以成为非常有能力的人，就可以成为非常有能量的人，就可以成为非常有成就的民间环保生态人。

一个没有能力的人，如何做好环境保护呢？我们首先要假定，你要满足没有能力的五个条件：一是手上没有资金了，二是家里不支持了，三是不会写文章了，四是胆小害怕了，五是冷漠厌倦了。

如果你的条件不符合这五个状态，那么，其实，你只是假装没能力，你只是不想把能力用到生态环保上，那需要的是另外一套解决方案了。

我们换一种说法，我们把一切不想表达出能力来的人，都等同于没有能力的人，那么我们就给出以下八条建议，希望这张"能力八卦阵"，对你启动能力的引擎，会有些许的帮助吧。

第一卦：乾卦。乾卦为万有动力之源，而动力，要么来自激情，要么来自习惯。一般的人，激情很难持久，而习惯却非常强大。那就要找到自己生命里的乾卦是什么。这时候需要的是仔细想一想，你在哪个领域最为擅长，用力最久。比如农民，种地一定是你擅长的。这时候千万不可抛弃了种地的本领，因为这是你生命的万有引力之源。以你种地的所长，在你熟悉的农田人脉和农业社交圈里，向你原来不熟悉的圈子过渡，你就有可能找到突破口，获得最有效的信息和证据。

第二卦：兑卦。兑卦可以加个言字旁，就是说字。要把你想做的事，正在做的事，积极而勇敢，客观而真实地说出来。现在是每个公民都可以办报纸、办电台、办电视台的时代，现在是公众的传播方式最符合公众接收意愿和能力的时代。假如你嫌弃自己不会写文章，那你就搞反了，只要会拍电视就可以了。拍电视很简单，就是拿起手机，拍好后上传到抖音、快手直播这样的"公共电视台"上，你就会得到很多人的关注。人们要看到的是真实场景，而不是文字的虚构和猜测。兑字加个竖心旁，就是悦字，做一切都要让自己高兴，也要让别人高兴。因此，要相信，自己所言所说，都是帮助社会更高兴，自然更和谐。

第三卦：离卦。离在这里，我们取的意思是"附丽"，所谓的附丽，就是如火附柴的意思。你是一团火，但你需要依托木柴才可能延续生命。我们个体无论多么强大，我们也要与更强大的生命体联结。而民间的环保志愿者，能够依托的强大的生命体，就是其他的全国的民间环保行动者。大家聚集在一起，不是抱团取暖，不是互相燃烧对方，而是互相激励，互相提升，互相促进，共同进步。

第四卦：震卦。震我们在这里取的是行动的意思。我们的能量很微弱，因此，一定要保证行动的有效性。要保证行动的有效性，就要做到两个精准，一是找到问题最精准的地方，这样才可能用最微弱的能量也能解决难题。二是给出最精准的解决手法，这样才可能让最微弱的能量如针尖一般直达病灶和穴位。有了这两个精准之后，再把动作的密度加大。一根针可能很微弱，但持续地用它来捅要害处，相信对方也受不了，定然会崩溃，定然要出来协商。因此，人的强大不是看体格，也不是看拥有的资源，而是看其死穴能否护得住。只要他护不住自己的死穴，只要有一处要害是裸露在外，那么，再没有能量的人，也可能成为瞬间的反制者和天敌。

第五卦：巽卦。巽的意象是风，可以比喻为"风宪"，风宪指风纪法度，泛指督察、监察、媒体报道等意思。一个再强大的人，也畏惧被抬举到聚光灯下，光天化日、众目睽睽之中。何况是那些有权有势的人，那些"庞然大物"。因此，让对方的真实情况，充分地展现在公共视野中，让公共生态丛林里的风，朝他们的方向吹，对他们开展监督和审查，相信创造了环境问题的人，这时候都会后悔此前的过失与责任。

第六卦：坎卦。坎是水，是月亮，是陷阱，是灾难，也可以看成钱，但是"外流的钱"。也就是说，一个致力于公益环保的人士，自身可以没有钱，但只要有能力把外部的钱，用于外部，发挥起倡导和摆渡的作用，就可以了。否则，如果一个人以为靠自己的钱就可以自由地做公益，那么一定大错特错了。历史上的经验表明，再有钱，也会被公益做空；如果你没有钱，而又不擅长与社会资源共舞，那么，你一定会让自己做得窘迫。唯一的办法，是让社会的流向社会，完全不通过自己的机构与账户。充分理解坎卦的这种需要大量的钱，但都在你体外进行合理的循环，你就可以实现了真正意义上的"公益财务自由"。

第七卦：艮卦。艮也有很多意思，我们这里取如山静止、如山可靠的意思。如山静止的意思是，公益要敢于行动，也要敢于停止。因为公益是有边界的，该商业的就让商业去做，千万不要去碰和尝试。该政府的就让政府来担责，千万不要去替政府受过。我们可以激发政府出来作为，我们可以帮助法律实现转变，我们可以提醒商业这里有机会，我们可以邀请科学家来这里做研究，但我们不必成为政府，不必成为商人，不必创造法律，不必成为科学家。只有回归本位，把适合我们做的做得最多、最好、最积极，我们才可能真正地可靠，获得公众的信任和其他领域的尊敬。

第八卦：坤卦，坤卦可以是社会、是公众、是大地、是包容、是柔弱等意思，我们这里取社会大众和包容两个意思。一个做公益环保的人，胸怀是最宽阔的人，因此，一定要对社会的各种现象，展现出强大的包容力和合作力。我们自身有自己的意见和建议，但我们的态度和理念，却是非常包容宽广的。而只有这样的包容和宽广，才可能保证我们不脱离公众，不脱离社会，永远保持从社会中找到最需要我们去解决的难题，永远从社会中挖掘和激发资源来一起解决这些难题。

以上的八卦阵，只是一些原理，具体怎么做，要加入我们生态健康行动组，我们自然会一一详细地教来，尤其是，我们会针对你的状况，给出最适合你的能量提升、能力升级的个性化方案。

我们要做生态保护行动派的"成人组"

文/林启北

有人观察，得出结论说，现在做公益，做环保，是比以前容易了。

我们也有同感，但也深知，越是这时候，越需要更多的人提升公益生产力。

我们出去说我们是做环保公益的时候，很多人都表示理解，很多人都表示支持，很多人都表示愿意加入。

2020 年 1 月，我们新共益参与发起了生态健康行动组。很多人想都不想，马上就报名加入了。

当然也有人会迟疑，稍微摁下暂停键，问一下我们，这个生态健康行动组，主要想做些什么呢？

我的回答当然是，行动。我们一直秉持三个行动理念：行动干预，行动传播，行动研究。

然后问题跟过来的肯定就是，那我们能做啥行动啊？

我一般都会说，看你自己，想做什么行动，我们就支持你做什么行动。

这话听起来有点像绕口令，所以，我们会赶紧给出下面一些解释。

我说，打个比方吧，行动，从年龄上分，可以分儿童少年组，成人组，老年组。

我们要做的是成人组。以成人的担当，以成人的决策力，以成人的执行力，以成人的智慧和勇气，去解决需要我们马上解决的问题，并且给出理想的业绩或成果。

任何一片森林，既有大树，也有老树，还有小树和种子。大树是森林的骨干，小树是森林的未来，老树是森林的见证和精髓。一个社会或者说一个行业也是如此，所以，我们当然也欢迎，老人组来贡献智慧，来给我们信心，来给我们资源。

从这个角度上说，我们愿意用成人组的行动，带动老人组的行动。

我们当然也欢迎儿童少年组，来观摩，来实习，来熏陶，来一起共同成长。我们很明白，只有成人组一直在行动，才可能给我们的儿童少年以希望，以信任，以风气的熏陶，以技能的养成。

这是从人的年龄结构来说的，如果说从社会分工来说，我们当然愿意首先联结和支持，敢直接面对生态环境问题的解决者。这些解决者在我们看来，主要包括保护野生动物和栖息地的行动者，阻止污染和环境伤害的行动者，零污染家乡的践行者和实际推进者。在我们看来，能算得上"前线行动者"的，只有这三类。

其他的，只能算后方的协作者和能力的养成者。

比如有人说，我们是做研究的，我们难道不算行动吗？

这当然也是行动。只是你的行动卡位，天然地把自己放在了后方协作的位置而已。

比如有人说，我们是做自然观察、环境教育的，我们让更多的人知道环境的美好，知道生态的珍贵，难道我们不算行动吗？

这当然也是行动。只是从行动的位置上，你们不算前线行动者，只能算后方协作者体系，这样的行动，能够帮助前线行动者培养后备力量，能够壮大前线行动者的信心。

任何一个社会，前线行动者都是稀少而珍贵的，更多的人，其实都是后方协作者。

我们能够成为后方协作者，也是很光荣、很美好的事。

尤其是，要么成为前线行动者的后备力量，要么成为前线行动者的支持、辅佐、鼓舞力量。

所以，要帮助前线行动者，有很多需要做的事。

尤其是帮助传播鼓动，帮助筹款筹物，帮助训练新人。

传播鼓动，可以让更多的人加入，可以增加更多人的信心。

筹款筹物，可以让前线行动者不会流血又流泪。充足的给养可以支持他们专心行动，粮草无忧，从偶然的奋起，变成可持续的征战。

训练新人，可以帮助更多的人成为后备军，让前线行动者有机会轮换，有信心休养，甚至可以在必要时，放心大胆地退休，把美好江山、把艰巨难题，通盘交给新来者，实现生态环境保卫者的代代相传，行动派源远流长。

有人说，我想按心意这样行动，不想按照他人的方式行动，怎么办？

我们会说，那更好办。

生态环境保护，业务空白点很多，你想做什么，你尽情去做。我们一定全力支持。只要你亮出你的锐度，我们一定帮你把不足的补充齐全。只要你敢于行动，我们一定给你配备协作的团队。让你尽情地填补空白。

我们更会说，那更好办，生态环境保护，方法空白点很多。你探索出来的方法，不仅在你行动的领域会有成效，一定也对其他的行动伙伴有启发和引领的作用。

我们愿意持续丰富这样的行动经验库，我们愿意促进各方平等友好地交流。让每个人的能量，都能够得到其他人的加持；让每个人的能量，也能够加持别人的能量。

修订《中华人民共和国野生动物保护法》有何难，做到这三条就足够了

文/周易经

很多政府机构、专家、学者和环保志愿人士，都在关注《中华人民共和国野生动物保护法》的修订问题。每个人都觉得迎来了机会。生态健康行动组，虽然刚刚成立，也不甘落后，收集了一些资深专家的建议。

这些专家的建议最后归总下来，我们发现，其实就只需要修改或者增补三条就行。

第一条，改"总则"，公开宣称政府保护中国大地上的所有野生动物

"总则"代表着一部法律的气势和胸怀。

《中华人民共和国野生动物保护法》"总则"第二条："本法规定保护的野生动物，是指珍贵、濒危的陆生、水生野生动物和有重要生态、科学、社会价值的陆生野生动物。本法规定的野生动物及其制品，是指野生动物的整体（含卵、蛋）、部分及其衍生物。珍贵、濒危的水生野生动物以外的其他水生野生动物的保护，适用《中华人民共和国渔业法》等有关法律的规定。"

第二条要改为："本法规定保护的野生动物，是指在中国所有陆生生态系统、海洋生态系统、湿地生态系统里天然自由生存与繁殖的所有野生动物。也包括从中国以外的区域以各种途径运送和途经中国的所有野生动物。"

只有这样改了，才可能奠定作为一个大国政府的"尊重和保护所有生命"的高昂气度和公众的意识基础，一切野生动物才有被保护的希望。否则，他们就是极危了，也可能仍旧没有人理睬。

有了这个宽广如大地的基础，分国家一级二级三级有针对性保护的那座"金字塔"，才可能有地方建设和安身。

第二条，把伤害野生动物的行为，以危害公共安全罪论处

其实，现在中国捕捉野生动物的行为，本身，就真的是在危害公共安全。

以前，用枪来猎杀，从 20 世纪 90 年代起，枪支被陆续收缴了，只留下了一些"护农猎枪"。

但现在，社会上仍旧有弹弓、气枪、激光弩这样的危害公共安全的"捕猎工具"。

捕杀兽类，现在架设的都是高压电网，电死了很多人。

捕杀鱼类，现在的电鱼机全是私人装配的三无产品，也让很多人死于非命。

捕杀鸟类，架设的天网高网，不仅让很多鸟类触网身亡，也让很多其他动物被缠绕而死。

很多鸟类还是被毒死的，这些毒死的鸟类都会被送上餐桌，成为贪吃的人们的美味。

很多鸟类是被夹子夹死的，很多兽类也是。这些夹子经常把人的腿夹残，手夹断。

很多污染企业排放的剧毒污水，直接导致了大量的野生动物死亡，同时也污染了环境，导致周边的公众受害。

猎户在山上布下的钢丝套，除了让很多野生动物寸步难行，也让很多

人意外受伤。

所以说，且不说野生动物身上的病毒会不会传染给人类，就是光这些捕杀的工具，就足以严重危害公共安全。何况，鼠疫、霍乱、禽流感、猪流感、SARS、新型冠状病毒，以及不明原因的各种传染病，都与野生动物有着这样那样的关系。

一个人去捕捉野生动物，就会让整个社会陷入极大的安全隐患。就像泛滥的疫情一样。

因此，必须用危害公共安全罪、投毒罪，来对伤害野生动物的人，进行法律追查和惩处。

第三条，鼓励民间公益组织、环保组织发起生态公益诉讼

2014 年，《中华人民共和国环境保护法》修订时，增补了生态方面的内容，允许适合条件的环保公益组织，发起公益诉讼。

但后来，条件限制得越来越窄小，生态方面，只允许最多发起行政公益诉讼。

好在有一些环保公益组织还在据法力争。

其实，这次《中华人民共和国野生动物保护法》修订，一定要增加条款，全方位开放，鼓励社会上的个人、环保组织，随时可发起生态方面的公益诉讼。

如果在某一行政辖区内，居然出现了大幅度的生态滑坡，社会上居然持续出现伤害野生动物的行为，那么，就应当由这些区域的负责人承担责任，公益组织可以起诉这一区域职能部门的主要负责人。

比如，自然资源部也好，国家林草局也好，国家海洋局也好，农业农村部也好，如果迟迟对保护野生动物业绩提不上来，成果体现不出来，那么，生态环保方面的民间公益组织，也一样可以发起公益诉讼，要求这些部门，依法履行职责，依法承担纵容野生动物被严重伤害的后果。

同样，对直接伤害野生动物的公司和个人，可以起诉"谋杀野生生命罪"。如果一片天然荒野被破坏了，如果一条天然河流丧失了它庇护、繁殖、养育本土野生鱼类的功能，那么，破坏这些荒野，破坏这条河流的企

业，当然要承担相应的生态伤害责任，以及谋杀野生动物的责任。

以上三条，简单明了，总则那一条提升整体的法律气象，危害公共安全那一条，有效震慑那些架电网、投剧毒的违法犯罪分子，公益诉讼那一条，支持公众成为有效的监督者，保证让垂直政府部门和地方政府部门，都负起应负的责任来。

三条足矣，遑论其他。

生态村，中国公益的下一个风口

文/林启北

"生态村"风口来了

商业有风口，公益也有风口。比如，生态环境保护领域，环境污染的风口就在逐渐过去，野生动物保护的风口日益强劲，荒野保护的风口即将到来。

比如，与环境保护有关的商业产业，垃圾分类的风口正在带动大量的社会资源介入，自然教育、生态研学的风口也在缓慢地起跳。与之相匹配的是，民间环保组织在垃圾分类和自然教育的风口，经过了将近三十年的发育和培养之后，正在过时、消退、收尾，正在全面让渡给商业。

同样，从发展阶段来说，注册基金会的风口正在过去，经营基金会的风口正在到来。大批的基金会因为经营无能，甚至是经营不善而僵尸化、停滞化，甚至违法、违规化。整个社会，在呼唤大批大批的公益运营家进入这个行业搅动风云。

如果一定要让我给出一个最大方向的风口，那么我会说，这个风口就是生态村建设。中国过去的几十年，是村庄发生巨大变化的几十年。现在村庄的劣势在退去，村庄的优势在渐显。优势是建设和发展出来的，不是自然而然一夜间就摆放在那里的。

中国公益人在村庄里，无论从哪个角度，都有很多事情可做。尤其是从生态角度着手，垃圾分类、生态种植、本土生态知识教育、生态损伤和修复等，这是生态村马上就可以做，也是非常需要做的业务。就生态本身论生态，纯粹从自然的角度出发，这算是"小生态"。

自然生态观讨论人与自然环境的关系。那么，生态养生、生态美学、生态关系学、生态哲学、可持续发展理念等，也有非常多的作为。

如果再进一步，进入人与人的关系，这样的生态化，可以说是大生态的范围了。世间所有的事，最终都归结为人与人之间的事。在村庄里，生态文化、生态政治、生态文明、生态道德、生态关系、生态系统，就成了人们很乐意讨论和使用的概念，人与人之间可能发生的所有"业务类型"，也可囊括在村庄这样的社会里。

要注意的是，我们这个"大中小"生态，正好和人与生态的真正关系是反过来的。

自然本来是最大的，但在"生态村建设者"的思维里是小生态。人与自然的关系，本来是至为重要的，但在"生态村建设者"的架构里，只能算是中等重要。人与人的关系本来是其中最渺小的，但由于我们生而为人，对人太过重视，一叶障目，很自然地把人放到了最大。要解决生态的问题，必须解决人的问题。

"生态村"必然联盟

现在做生态村，可以说万事俱备、只欠联合。在中国做公益，哪种组织的形式最难？我想应该当属"联盟"。姑且不说我们特殊的国情，造成的"联盟"的敏感化。也不论"联盟"中到底是谁主导，核心思想来自哪里，"联盟"利益如何分配，单论如何将联盟发展起来，就已经是千难万难了。

中国公益组织"联盟"的推动者，要么是事情干得吃力不讨好，要么演变成某些个人的"机构"，极少见到基于使命、高效率开展工作的"联盟"。如果扳起手指头来数，每个公益垂直领域都有过联盟，甚至有过好多次联盟。大家只要有机会聚在一起开过会，会议的结果，似乎就一定是产出一个叫联盟的东西。

可惜，联盟好成立，联盟做好却很难。联盟的命运，甚至比公益组织的命运，还要悲惨，还要短促。所以在中国，好的公益"联盟组织体"是极少见的。但是"联盟"这种形式，又是极其重要的。它可以非常有力地推动某一"行业"的繁荣和发展，尤其是在某些新型的风口领域。

比如，已经到来的生态乡村建设这个大风口，这是我们中国社会发展到现在的一个必然趋势。对生态保护的重视，对生态生活的追求，是大量中国人的诉求，也符合国家乡村振兴的需求。正是这种蓬勃发展的社会需求，导致了这个领域一直有各种试点和探索，但发展状况参差不齐，相互之间也缺乏融通与理解。这样的状态，对各地生态乡村建设的有志之士、先锋之士，一直是一个巨大挑战。

前不久，我在浙江的"三生谷生态村"，听到汪海潮老师、谭宜永先生等人，要发心为中国的生态村"联盟"共享自己力量的时候，我感到非常高兴。因为这两位都是中国生态乡村建设的先行者和佼佼者，他们都在各自的领域，取得了各种功绩，成就各项事业。难得的是，他们两位充分具有"联盟共享"的精神。

在听完他们二人的多次对谈后，我作为一个特别乐意助力成就风口的人，向两位老师明确表态，愿意全力协助他们推动中国生态村联盟的建设，因为这也是符合我的公益使命——帮助更多的公益人从优秀迈向卓越。

"新共益"愿意全勤加入

2019 年 12 月以来，我们新共益团队参与协助了一系列的生态村"联盟"筹备工作。

从这个生态村"联盟"诞生之初，我们就有别于其他组织。在筹备之初，三位召集人就充分运用"罗伯特议事规则"，听取了大众广泛的意见，通过反复交流和讨论，达成了筹备之初的使命、愿景、价值等一系列组织的核心工作。

在这一过程中，我充分感受到汪海潮、谭宜永二位老师作为发起人、召集人，所表现出的大爱精神。他们没有其他"联盟"中最容易出现的"独大"状态，也没有出现联盟中无人跟进的状况，都是积极有序地推进"联盟"的相关工作。因这二位召集人的"共享"精神，以及他们对中国生态村"联盟"的伟大愿景，我甚至感受到中国生态村"联盟"，有可能成为中国"联盟"工作的典范之选。

当然，生态村"联盟"的推进工作，还是有所不足的。因为春节假期，以及疫情影响，生态村"联盟"筹委会的工作远低于我们的预期。但是，随着赖玉华、刘东岭、沈亦可等几位老师的逐步加入，筹委会又进行了多次充分的民主商讨。我相信，随着疫情的解除，生态村"联盟"工作也会获得更加有效的推动。

更为重要的是，我们会努力邀请更多的人加入筹委会，因为生态村联盟不仅仅是召集人的事，也不仅仅是筹委会的事情，更是所有热爱生态乡村建设的人们的事。

在中国还有很多致力于中国生态乡村建设的大德老师、仁人志士、实践先锋，以及社会各界的高能代表，都还尚未全息加入，还需要我们努力去拜请这些老师，找到更多优秀的伙伴。

我们知道，唯有更多的人参与生态村"联盟"，才能实现我们的生态使命。我也将与我们的团队一起，更加用力地工作，积极为生态村联盟的发展做出贡献。

我也诚挚地邀请更多伙伴，愿意为生态村的事业做出自己贡献的伙伴，加入中国生态村联盟。我们现在需要更多对生态村有愿景的人，参与到这一工作中。

　　九层之台起于垒土，千里之行始于足下。"生态村联盟"迎着风口而来，顺着风向而腾飞，成为时代大潮的引领者与贡献者，就在我们参与的每一个人身上，一天天变成现实。

垃圾分类只有公益组织才能撬动

文/生态村工作组

公益组织被很多人称为"社会组织"，其实这是在泛化一个概念，或者说故意混淆一个概念。公益组织就是公益组织，慈善组织就是慈善组织，社会组织就是社会组织。其实这三种组织的内在品质和外在风貌区别是很大的。

社会组织，从狭义上讲就是为了实现特定目标而有意识地组合起来的社会群体。如果说企业组织、政府组织是垂直型的，民间组织经常就是横向型的或者是团块型的。

在中国，注册成基金会、民办非企业、社会团体的组织，都可称为社会组织。有人统计过，在所有的"民办非企业"组织中，真正用公益组织的心态和要求去运营的，其实占的比例很少，绝大部分是商业组织的"借壳"和"化妆"。同样，社会组织中，有很大一批是爱好者组织，比如喜欢摄影的人聚集在一起；或者是同类人的社群，比如退休的外交官们聚集。

社会组织的人未必会做公益，因为他们更多的心思是自我的社交与满足。比如观鸟协会的人，本质上是个爱好者型的社会组织，他们较少参与鸟类的救助。爱好者协会的人，偶然会做"慈善"，比如"车友会"，确实也会给某个村庄捐赠些扶贫济困的粮油。但，也只是偶尔而已，发生率太低，慈善也不是其追求。

只有真正从心出发，愿意持续做公益的团队，依照国家的法律法规，注册成了基金会、民办非企业、社会团体的外形，并基于这些组织的章程、公章、账号、名号进行有序运营，这样的社会组织，才可以称为公益组织。

很多人都天真地相信，中国的垃圾分类大潮流要起风浪了，因为我们的高层领导人作了很多表态，上海、北京这样的政治先行的城市也率先进场示范，一些积极的省份像福建、贵州也紧密跟从，这让很多灵敏的人触发到内心的商机捕捉器，大量的垃圾处理公司因此应运而生。

有些在参与垃圾治理的公益组织开始有些犹豫，接下来，还要不要做垃圾分类呢？

公益组织在社会上有两个基本功能。这两个功能可能是同时附体的，也可能是单一表达的。

第一个功能是启蒙性。当整个社会还没觉醒的时候，率先介入并以微弱的声音、单薄的身体、卑贱的奔波，去向权贵诉说真理，在社会的大旷野中呐喊呼吁，有时候润物无形，有时候借势倡导，有时候强行发动，有时候甚至剧烈冲突。

第二个功能是监督性。当社会已经开始觉醒并表态要介入对某些原本不太受关注的社会问题进行关注，甚至把它当成接下来一段时间的法律、政府、公共问题的序列化问题进行应对和安排的时候，公益组织要做的就是对已经出台的法律、政策、安排的执行力进行监督。对做得好的要积极地表扬，对做得不好的要进行监督。对在做的过程中新出现、新发现的问题要进行启蒙和倡导。

用这两个功能来对照当前中国的"全民垃圾分类"的发展状态，我们可以看得出来，中国的垃圾分类，公益组织仍旧有大量的可参与空间，甚至是参与到全民垃圾分类大潮的绝佳时机，关键时刻，正是最好地表现公益组织的自身能力和社会发动力的最高光的时候。

一家公益组织的成色本底如何，一家公益组织应对社会需求的转化能力如何，一家公益组织与社会大风潮共起舞的技能和心态如何，在这个时期，可以说彰显得淋漓尽致。没有人能够逃脱社会的考验，越是繁忙艰难的时候，社会的考验越自然、越深刻、越准确。

具体来说，从现在，也就是 2020 年 6 月底开始，中国的那些稍有成色的公益组织，在全国性的垃圾分类的大潮中，可以做的事大概有以下六个方面。你所在的公益组织，属于哪一类型呢？可以接揽哪一项业务呢？

（1）已经做了一些试点，并取得了试点经验的公益组织，要继续做更多的试点，因为，要打破公益组织过去行为方式中的一个最大弊病，就是试点的样本量太少，这就导致其经验太狭隘、太特殊、太盲目，缺乏广谱性、通透性、适用性。

（2）有意愿要做垃圾分类但尚未启动的公益组织，可与已经参与进来的公益组织融合发展，快速与其一起参与到更多项目点的实践中，取得自身的经验，把已有经验的公益组织的品牌、技能、经验，融汇到自身的团队中。

（3）一些擅长总结和联结的公益组织，可以依据其原来的行为习惯，发挥其交流、论坛、培训、中介的特色，促进公益组织的经验得到更广泛的传播，把已有的经验总结出来针对更多的新入行者开展有针对性的实战培训，促进有需求的村庄、社区，尽快在公益组织的协助下，启动垃圾分类。

（4）很多村庄、社区，由于缺乏足够的公益性，商业人员看到的只是如何从中套现甚至骗钱，因此，其发力的动机不纯，争业绩逐利润的意图太明显，不容易讨得社区公众的喜欢和支持。因此，无论是哪一个村庄和社区，都需要有公益心的志愿者，或者公益组织派出的专业"协作者"，到村庄、社区里协助发动。这时候的协作者，身份是多元的，他既是启蒙者，又是监督员，还是发酵剂，更是示范标兵。

（5）一些纯粹做研究、监督型的公益组织，可以针对垃圾分类不同发动模式下的村庄、社区进行深入的调研和挖掘，对其全过程的发展状态进行对比和参照，找到其内在的优势和劣势，写出符合客观现状的调研报告，并随时进行发布和推广，方便整个社会能够从学术角度进行更好的体察和认知，以便及时地校正和理顺。

（6）有一些公益组织，擅长做现场问题调查和揭露。他们通过对存在的问题进行尖锐地揭示，以促进社会因疼痛而主动进行自我纠偏和拨乱反正。对整个社会来说，垃圾分类刚刚蹒跚起步，得风气之先的仍旧是少数，观望的人仍旧是多数，落后固执的人也仍旧有不少。对观望的人要更好地引导，对做得好的要进行表扬，对做得不好的也要进行揭露曝光，这样才可能真正明确方向，营造氛围，促进所有的能量都向垃圾分类的方向同步涌去。

以上六项只是框架性的概括和说明，整个世间可做的事还有很多。我们相信中国当前，正是公益组织全身心介入垃圾分类的好时机；我们更相信中国的垃圾分类，需要公益组织或者说怀有纯粹公益心的人来引领。

如果你所在的村庄和社区已经要做垃圾分类了，那赶紧联系公益组织或者成立公益组织。

如果你所在的村庄或社区，仍旧冥顽不灵，处在观望甚至抗拒中，那可以马上邀请公益组织的人过来，在社会里宣讲政策、传授技能、鼓动传播。

当然，如果你所在的村庄和社区已经做得很好，那么，你一定要马上组织公益的传播和培训团队，去热心地帮助那些做得不好的后进后来的村庄、停滞观望的社区。

生态村建设十个基本步骤

文/生态村工作组

在中国，村庄、城市，有时候会被"社区"来更笼统地指代。因此，中国绿发会最近准备建立生态社区发展基金。生态村工作组最近对城市和乡村的"生态建设"，做了一些小的调研，从目前的推进阶段来看，生态村比"生态城市"要容易起步一些。

当然，生态村有生态村特有的困难，但生态村还是有生态村特有的优势。村庄的生态储量本来就比城镇高，每个村民能分配到的生态平均量、生态含量，也比城市居民分配到的要高。

目前，全国各地有至少 100 个以上的村庄在起步生态村的各种试验。有的是外来公益团队的促进，有的则是本村居民的内生式探索，有的有可能是来自上级政府的命令。无论哪一种方式，只要真实地在村庄里发生并践行，都会取得宝贵的经验。在中国绿发会秘书长周晋峰博士看来，今后的社会，最宝贵的知识，只有"行动知识"，这与古人说的"劳动者才是最原创的文化人""实践出真知""绝知此事要躬行"的态度和原理是一样的。

生态村工作组日前搜罗到了生态村的各种"攻略""路书""宝典""宪章""秘籍"，通过综合分析和梳理，我们总结出以下十个基本步骤，供全国所有有志于做生态村的同仁们参考。我们也将陆续访谈更多的生态村建设者，将他们宝贵的经验提炼为精华，呈现给更多的人参照。

一、生态村建设要从垃圾清理开始

中国很多村庄垃圾即使不在路边，也是胡乱地塞在垃圾桶里，或者堆放在村庄某个隐蔽的坑塘中。要开展生态村建设，基本上要做的第一步，就是组织村民，组织志愿者，开展对陈年垃圾的收集、清理和清运活动。旧的不去，新的不来。

二、垃圾清理之后再开始逐步推进垃圾分类

比起城市，村庄的垃圾分类更容易推进，有人说很多村子是空心村，没关系，没有人就不会有垃圾，垃圾是人产生的，所以，与在村庄里生活的人，一起把垃圾分类做好，就是非常好的成果。

三、配合村民进行厕所改造

人们的生活空间需要厨房、厕所和洗浴室。厨房在农村是受重视的，洗浴室也日渐普及，但是，好多村庄仍旧缺乏像样的厕所。如果前期调研中发现，厕所是非常需要单独修建的业务的话，那么，厕所修建就可以成为很重要的工作。除了每个家庭都修建有自用的厕所之外，村庄作为公共社区，随时有可能有外人来参访，发动村民一起修建公共厕所也是必要的搭配。

四、制作环保酵素

有不少村庄在探索过程中，发现鼓励村民制作环保酵素，比较容易有抓手，也容易让参与者产生更好的成就感。何况，环保酵素有很多好的用

处，如降低化学品污染。这种化腐朽为神奇、变废为宝的方式，很值得学习和借鉴。制作环保酵素并不难，在村庄也容易开展。

五、对水源进行清洁

对水源进行清洁，可分为三个部分，一是对村庄的饮用水源地进行严格的保护，以保障家家户户能用上干净、安全、放心的水。如果水源地里有污染，一定要想办法去治理和清退。二是对村庄涉及的河道，进行清理。中国人喜欢往河道里扔垃圾，有必要对这些垃圾、塑料袋进行全面清理，同时严禁再向河道里弃掷垃圾。三是对家家户户产生的生活污水进行分散化处理，并转化为土壤的肥料。较好地解决污染的方式是分散，而不是集中。村庄有分散的条件，城市是没有办法才集中送到污水处理厂。

六、对村庄周边的自然环境变迁史进行梳理和分析

过去几十年来，有些村庄面目全非，要么是周边的天然林被替换为人工林，要么是山体出现巨大的创口；要么是河道里的沙石被开采一空，满目疮痍；要么是山上的大树被偷着贩卖，各种稍微值钱的花草被盗采。有必要组织村民对村庄过去三十年来的生态环境变迁进行一次集体的梳理，然后确定一些原则，哪些地方需要进行保护，哪些地方需要进行治理，哪些地方需要进行修复。

七、对村庄的农业生物多样性、天然生物多样性进行简易的统计

每个地方都有当地特色的乡土农业物种，对这些乡土农业物种进行初步的统计，有利于获得对村庄生命史的认知。而村庄周边的自然物种，有很多也有村庄的土名和俗名，还有很多本地人才知道的妙用。把这些人与自然的经验集成下来，形成村庄的生物多样性小数据库，肯定也是非常振奋人心的，有利于传承和凝聚。

八、整理村庄人与自然的关系的各种真实行为

人与自然之间的关系，有些行为是破坏性的，有些行为是敬畏性的，有些行为是保护性的。有些行为在今天看来是破坏的，在未来又有可能是保护性的。对生活在村庄的人的各方面的行为，进行分门别类的详查，条分缕析，就可以慢慢找到与自然和谐相处的一些友善之道。

九、对村庄内村民产生的污染行为、生态破坏进行讨论和纠正

有些村庄有污染企业，有些村庄有村民一直在非法捕捉野生动物，有些村民的养殖场发出严重的臭味，有些村民在勾结外来的势力偷盗本村里的天然林木。这些行为，只有生活在本村的人最清楚。因此，组织村民会议，对这些行为的改正进行讨论，并给出解决方案以及时间表，相信会有利于村民的团结，也有利于问题的解决。

十、鼓励村民组织生态志愿者巡护小组

对村庄周边进行日常的巡查和监测，并持续记录和丰富，为组织村民开展乡土物种认知做好准备。这个村民志愿者小组是在生态村建设过程中慢慢涌现出来的，一定是那些积极参与垃圾清理、主动践行垃圾分类、愿意参与公共公益事业的村民，他们未必是选举出来的，他们一定是通过行动获得了威望和信任。

当然，生态村建设还有很多事需要做，有些是可以作为一些辅助的动作来丰富，比如播放生态环境电影，比如让村里的老人讲述村庄的生态故事，比如组织村民讨论"村庄生态公约"，比如派村民到外地考察，比如邀请外来的专家分享经验等。

还有人说，村庄要成为生态村，没有生态经济怎么行，没有生态农业怎么行，没有生态建筑怎么行，没有生态文化怎么行，没有生态人聚集怎

么行，没有修桥、铺路、养老、扶幼、助残、支教、奖学这些公益行为同步怎么行。

是的，在生态村里，一切都值得去做，以上列出的十个步骤，只是最基础的起步工作而已。随着生态村建设的日益深广，参与的人会越来越多，能担当的人也越来越多，能开展的公益活动也越来越多。

最近各地在积极地进行"乡村振兴"，一些地方政府创造性地提出了一个词语"视觉贫困"，组织力量把那些快要倒塌的久不安居的村民住宅，给推倒扒光，在生态村工作组看来，这样的行为，有好的一面，也有不好的一面，最不好的一面是这样的行为可能没得到村民的共识和拥护，而只是某个权力意志的自作主张。所以，在参与生态村建设的时候，一定要以村民为主体，一定要由村民自发来实现，自主来决策，自力来实施。

垃圾分类是生态村建设的关键一步

文/周晋峰

生态文明的理念在全国日益普及，很多村庄都想建设成为生态村，很多城市社区都想成为生态社区。

这正是公益环保组织、公益环保志愿者，为生态村、生态社区建设出力的好时代。中国绿发会这几年在工作中，观察到一个现象，就是自发地参与生态村、生态社区建设的人，往往都是优秀的生态环保志愿者。有些人甚至成立了发展势头很好的生态环保公益组织。这些作为，这些成果，让我们非常敬佩。我们也特别愿意尽自身的力量，协助全国各地愿意参与生态村、生态社区建设的志愿者们，让生态建设做得更好。

2019 年，正是看到了江西乐平绿色之光志愿者协会（以下简称"绿色之光"）在垃圾分类方面的突出业绩，我们与绿色之光团队合作成立了"可持续循环中心"。在这个中心的基础上，2020 年，我们又进一步，成立了中国绿发会志愿者支持中心。我们相信，志愿者自身的经验，完全可以带动更多的志愿者，志愿者取得的成果，完全可以辐射到全国各地，带动更多的政府部门、商业机构，共同开展生态村、生态社区的建设。

2019 年以来，中国的垃圾分类进入了全国、全民、全社会共同攻坚的时期。上海、北京陆续都启动了垃圾分类。全国其他省市也都跃跃欲试，陆续推出本地的垃圾分类路线图和执行方案。

相比起来，民间组织、环保志愿者在垃圾分类方面的探索，则要早得多，取得的经验非常丰富。有一些环保组织，在1996年就开始倡导垃圾分类。有一些组织，已经总结出了比较成熟的垃圾分类的运行经验。有一些组织，一直在默默关注着整个社会还未关注的因垃圾导致的各种环境风险。在这些公益环保组织和环保志愿者的促进下，很多村庄和社区都取得了喜人的垃圾分类的成果。相信这些成果，在即将涌现的全国性的垃圾分类大潮中，会有很多的示范性、引领性，具有非常好的培训和推广价值。

垃圾处理的水平诚实地体现着一个社会的生态文明水平。一个人，如果不整洁，就不容易让其他人产生信任。一个村庄，如果连垃圾分类都没做，其他方面的环境保护措施，不可能像样。一个社区，如果垃圾分类都不能推广，社区的其他公益事业，肯定也是举步维艰。一个国家，一个社会，如果垃圾都处理不好，这个国家的生态文明的基础就不牢靠。

因此，在我们看来，垃圾分类，是生态村建设的第一步，也是基础性的、关键性的一步。任何一个地方，要建设生态文明，第一个要去做的，一定是把垃圾处理得当。垃圾处理是技术问题、经济问题、设备问题，更多的时候，是管理水平和思想意识问题。

看到政府和商业机构纷纷参与垃圾分类的大潮，有些公益组织和环保志愿者感觉到悲观，觉得自己没有什么可做的了。其实恰恰相反，这个时代，才是公益环保志愿者大展身手的时代。因为，垃圾分类的公益性特征使得公益环保组织和公益环保志愿者能够非常便利地融入。我们研究过，如果一个地方没有公益环保志愿者的持续介入和参与，这个地方的垃圾分类可能是在走过场，甚至是在玩花样。

当然，公益环保志愿者的作用也是有局限的。要让更多的人成为垃圾分类的主导者和践行者，就需要公益环保志愿者把自身的经验和智慧分享出来，推广出去，融合到社会其他的经验和智慧中，转化为更多的人共同的行动。让更多的人可借鉴、可参考，让更多的人可应用、可复制、可分享。因此，培训和推广活动，是非常重要、非常及时、非常有效的。

中国绿发会志愿者支持中心，正在积极地集结全国优秀的垃圾分类的经验，以汇总成"有效行动经验集"；正在联结更多的垃圾分类专家，以形成高能量的专家库；正在组织更多的培训活动，带动更多的村庄、社区，扎扎实实地把垃圾分类做起来，做透彻，做到位。

服务，是服务出来的

文/生态村工作组

这两天，我们中国生态村服务中心，在很认真地学习和领会中国生物多样性保护与绿色发展基金会秘书长周晋峰博士关于"服务型基金会"的一系列讲话和观点。

公益组织是为服务社会而生，基金会是为服务公益人而生，公益机构是社会服务机构，公益人最大的特点就是服务能力要超强。

在怎么做好服务方面，我们也有一些心得，在这里分享给读者。

一、充实

最形象的服务地点，就是高速公路服务中心。它们设立的原因，就是过路的人需要什么，这里就提供什么服务。过路人需要停车、休息、上厕所，这里的停车场、休息厅和洗手间就非常宽敞并且容易找到；过路人需要吃饭，这里的餐厅就提供丰富多样的食物；过路的车辆需要加油，这里的加油站是最繁忙的。此外，住宿、购物、当地特产和风情展示，也是过路人有可能的"刚需"。服务不是基于服务提供方来设计，而完全是基于市场的需求来设计。服务不局限于一两种，而是服务对象需要什么，就充足、实在地提供什么。服务对象可需要可不需要的，就象征性提供一些，满足需求为止。

二、体面

在所有与服务有关的平台或者场所，给消费者或者说服务对象提供的场景，都是宽大、体面、光鲜，富有感染力的。而给服务提供者自身使用的仓库、活动空间、生产平台，却往往比较窄小、简陋和平常。这也提示我们，只要是与服务对象无关的，都要安放在里面。只要是自己练习内功的空间，都要尽量压缩和简化，把最好的面貌、最多的供应、最热情周到的服务，都提供给服务对象，把不好的状态留在无人知晓、自己补给的地方。

三、快速

市场的需求，服务对象的需求，其实是层层挖掘出来的。而一个人愿意把他的需求展示给你，前提是你的接应速度、响应速度要足够快。如果你的速度跟不上需求闪现的时间，那么需求就飘走了，很有可能需求者自身也没有太重视。有很多需求是显性的，好像一眼就能看出来，就如到中午了人要吃饭，那么清晰可辨。但更多的需求是隐性的，需要细心引导和促进。而要实现这过程，快速响应是服务生成的第一步，也是创造服务可能的第一步。

四、无边界

人的需求是多向的，任何一个专门的社群，往往只为提供一种服务而生。每个人又都有他的作息时间和思维界线。这样，很自然地，在服务需求产生者看来，他们的服务往往得不到满足。同样，在服务提供者看来，好多人经常无事生非：在卖包子的群里非要讨论火锅的事，甚至在吃饭的群里讨论穿衣的事，在创业的群里讨论旅游的事。但如果我们去除这些故意设定的边界，服务提供者与服务对象之间的边界就会消融，在一次服务的提供获得赞许之后，更多的服务需求就有可能接踵而至。这样，需求对象可能源源不断地提出服务要求，而其他的人也可能看在眼里热在心头，顺风进来要求相应的服务。而如果服务提供者设立了边界，或者自身有边界意识和边界感觉，那么，很多服务的可能就难以生成，很多服务的需求就欲言又止。本来可以非常红火热闹的场景，就在一次又一次的试探失败中趋向于冷清和败落。

五、熟练

服务不需要谈论过多的理念。因为理念无法生成为服务的工具，更无法附体到服务提供者身上，兑现为服务提供者熟练应用的工具和技能。一个人有没有能力提供社会服务，在于他掌握的服务工具和技能是不是非常娴熟和充足。如果这个人自身的工具掌握得不充足，却在那里大谈服务，其实是痴心妄想。很多服务型社会组织之所以业绩一直不起色，原因就在于这个组织的每一个个体，掌握的真实的服务工具和技能太少。工具和技能其实都是社会上的通用工具，财务技能、传播技能、法律技能、沟通技能、注册技能、筹款技能，与开车技能、外语技能、喝酒技能、聊天技能、谈判技能、吃饭穿衣技能一样，本是人间的常态，可惜，很多标榜自己要服务社会的人，自身会使用的工具和技能，却单薄生疏得很，导致客户到了门口，也不知道拿什么服务人家。打个比方，如果你的饭店食物是充实的，客人来了就有饭吃，那么，你不掌握做饭洗菜的技能，倒也勉强过关。但如果客人来了，要点菜，要在预定时间内按照他们的菜单现场做出来，那么，做饭的技能、洗菜的技能、接应客人的技能、结账的技能，让客人满意并产生深刻印象下次还想来，就非常重要。

六、第一时间想起

一个人所有的动作都会形成社会记忆，都在被社会各种注意力有心地观察。一个服务型机构、平台更是如此。如果一个人提供的服务让关注到的人产生了不良的评价，甚至是差评，那么这些差评就会累积起来，导致有些人需要与此相关的服务时，无法把你优先排序。理想的服务平台或者说服务人士，要成为让人"第一时间想起"的社会口碑。这就需要我们的服务中心，在资源的充足度、工具的丰富度、技能的娴熟度、热情主动的响应度、持续跟进的周到度上，都能给服务对象留下非常深刻的印象，让围观者、冷眼旁观人士留下相对满意的评价，那么，久久为功，持之以恒，一定会成为这个领域"第一时间想起"的服务品牌。这是我们的努力方向，也是我们成立这个中心的目的。

服务，是服务出来的。任何一座大楼，都是由地基向上盖起来的，不是从云端、天上向下延伸出来的。服务能力的成长，来自服务对象对服务的具体需求，以及这些具体需求背后所携带的挑战。士兵从战场上学会战斗，商人从经营中学会了管理，生态村服务提供者，从一个个具体而细微的生态村建设服务中，获得我们自身的经验与智慧。

我们相信，服务是实战，服务是执行，服务是工具化、应用化的直接体现。我们可能不会再讲什么大道理，因为，所有的大道理，我们都已经将其内化到了服务的每一个动作中。

就生态村建设来说，我们不空喊口号，不多谈概念，不盲目聚集，只注重踏踏实实的生态村建设全过程服务。我们可以提供垃圾分类技能、自然美学导赏、新媒体传播应用、建设资金的分类筹集、工作团队组建和分工、公益机构注册与运营，等等，提供充足而实在的、丰盛而周到的、及时而细致的服务。我们可以在远程提供咨询和陪伴，我们也可以上门一起共同参与建设和协同。

到社会丛林学习：可以取经的三个倡导

文/张　毅

中国社会科学院的李老师最近一直在教导我们，做公益，就是要做倡导。

所谓的倡导，就是一个人做事不够，需要邀请很多人来一起做，这就是社会发动的过程。做倡导，就是一个人、一群人做事得有目标，行动过程中不达目标不罢休，要求自己和团队必须在限定的时间内达到这个目标，这才是像样的倡导。

有时候在李老师的讲课现场，会有一些安装了商人头脑和军人头脑的人也在倾听。商人思维的人们一听这话，说，这很好理解啊，这不就是我们每个人的工作指标吗？战士们一听这话，说，这很好理解啊，这不就是我们每次战斗的作战任务吗？

但安装了科学家和文艺工作者头脑的同学们，听完了，就有些含糊。因为，科学与艺术，不确定性的成分太多。商业和军事，确定性的因素大一些。这世间有些行业，是一直在确定性的管道里循环。而有些行业，从头到脚都布满了不确定性的基因。

有同学说，商业也不确定啊，我怎么敢肯定我一定能实现一年挣到一个亿的小目标？有人说，作战也不确定啊，我怎么敢肯定我们的战队今晚就能够攻克前面的山头？但商业和军事，实现得了实现不了，都是可测量的，要么实现了，要么没实现。其实都是确定的。

目标的不确定性或者难以确定，导致了不同的行业，具备了不同的工作性质和特点。

这也是具有商业和军事、政府部门工作习惯的人，到了科学、艺术、公益行业，有时候会生发起"不耐烦情绪"的原因。他们以为世间的一切事，通过精细管理、严格布控、层层推导，就可在预定时间内实现预定任务。却不知道，当一个人连任务都不知道在哪里的时候，全过程、全产业的这些精细和控制，只会让目标变得更加不清晰而已，甚至有可能，你越是精细和规范，越是偏离你目标所在的方向，导致你前行得越积极，越丧失了倡导的成就。

公益当然也不完全能够用科学和文艺来形容。科学和文艺的产出方式，更像是过程产出，或者说动作产出，而不是结果产出。一个小说家出版了一部作品，我们不能说他达到了目标，因为小说只是他的过程和路径，而不是他追求的文学结果。

公益如果要从科学、文艺、商业、军事、政府上同时学习到倡导的成果衡量方式，那么，就只有两种，要么衡量结果，要么计算过程的动作。在结果不可预知时，至少，行动的过程是可记录甚至可测量的。

比如，一个团队不知道何时能够把一部法律倡导成功，那么，计算这部法律的立法时间，可能就会很艰难。但如果改变计算方式，只计算这个团队为了倡导实现这部法律，全过程中产出了哪些动作，那是可以很好地计算的。发了多少篇文章，筹集了多少款项，志愿者社群规模有多大，调研干预了多少个案例，组织了多少次研讨会，这些可计量的动作，可能是计算公益组织倡导行动的比较理想的成绩统计方式。当然，前提是，这个倡导的目标不容易实现或者难以确知。

中国社会科学院的李老师，最近很尽心地指导我们"小打小闹研究组"，针对中国的社会问题，以及公益组织参与解决这些社会问题所开展的倡导工作，进行一些实况调研。我们开题之后，马上进入了文献收集的阶段，为下一步的田野调查、具体参访，打好相应的基础。

为了避免我们剑走偏锋，为了避免我们因为公益而只看到公益，李老师专门给我们讲了三个更开阔的基于社会层面的倡导案例，提醒我们随时对标和参照。在李老师看来，倡导每天都在社会上发生和闪现，有些是政府所为，有些是企业所为；有时候是有组织的步调化的推进，有时候是个人引发的集体无序大爆发。

在李老师看来，中国可能还称不上是倡导型的社会，在一个倡导型的社会里，公益组织所做的倡导，其实占比是非常少的。

一是徐晓冬的"打遍天下"。很多人一直怀疑中国的某些武术表演是花拳绣腿，但只有一个人去真实揭露了。这个人就是徐晓冬。他一次又一次地发起了与"中华武术名家"的对垒和格斗，通过现场的直播，把这些人的真实武术水平，昭然揭示于天下，让大家知道，中国武术界的状态。这一次又一次的"约架和打斗"过程，由于充满了戏剧性和紧张感，引发了公众的极大热情，也鼓动了非常火爆的社会议论，天生具有传播上的引爆力。从倡导的模式上说，非常值得公益人引用和借鉴。

二是共享单车。小黄车和小红车，虽然现在在社会上基本都消失了，但它们和"打车软件"一样，不仅优化了人们的出行方式，而且改变了社会的思维模式，也一度挑战了社会对"散放的企业资产"的敬畏与尊重。当小黄车和小红车被一些粗暴的人随意扔到河里甚至被肢解的时候，很多人知道了，只有约束自己，才可能获得更多的自由。当滴滴打车软件需要去开发地图的时候，地图服务商却发现，自己集成叫车公司，成为一个聚合平台，更为有利于人们使用。这种体现在企业倡导领域的社会创新，对整个社会的格局变化，还是起到了非常重大的作用。这些也值得公益组织借鉴和参考。

三是野生动物养殖户想要"起诉"北大教授。2020 年 2 月 24 日，全国人民代表大会出台了一个英明的"决定"，就是禁止公众食用野生动物。这个决定出台之后，中国成千上万家野生动物养殖户的产业梦想戛然而止。到现在，他们还是没有拿到政府的补偿。他们中的有些人想出了一个"妙计"，就是去起诉北大教授吕植，因为她曾经和很多专家呼吁要禁止野生动物养殖。起诉是不是真正立案，到现在也还没有名目，但起诉引发了大量的媒体报道。江西这位野生动物养殖大户饶晓剑的起诉行为发生不久，湖南、江西等省就出台了补偿办法，国家林草局和农业农村部也抓紧出台了一些明确的政策。从工作的想象力来说，这个起诉分明就是一种倡导和诉求表达的有效方式，值得很多公益人在做倡导时效仿。

李老师还准备抓取更多的案例让我们学习。不过他年纪大了，讲了三个案例之后有些劳累。他给我们"小打小闹研究组"，布置了一个任务，让我们自己去社会上，再寻找三个鲜活的倡导案例，下一次开小组中心学习会时，一起分享和切磋。

黑龙江团队"政府＋民间＋媒体"联动的生态保护模式

文/洁 宇

我们是黑龙江生态保护公益的一支团队，近年来一直做野生动物保护方面的工作，2020 年正式开始做松花江水生物多样性保护，同时也关注其他的环境问题。

感谢中国绿发会和绿野守护项目对我们团队的指导和支持，也感谢公益伙伴们多年来的支持与协作，使我们的工作更有力，方向更明晰。

各地公益团队和伙伴都做得有声有色，我们一直在学习和借鉴，在借鉴和尝试中不断成长。有一些感想和我们团队的一些做法，想和大家分享。

做公益一是发现问题，二是发现问题以后想办法去解决。我们关注的问题，一是生态，二是环保。

实际上我是先被环境问题困扰，然后去全力解决，在解决的过程中困难重重，在困难重重中到处求助，就遇到了我们的公益伙伴、老师们，得到了各公益组织的支持、指导、陪伴和鼓励。

在环境问题解决之后，2016 年，有幸听到黄喜民老师做的一个关于湿地保护的分享，这是我们从单纯关注环境问题转向生态保护的一个重要转折点。

那时候我才知道，我们黑龙江省还有这么了不起的一位老师，多年来坚持做湿地保护，做得那么好，付出那么多。从那时候开始，身边的环境问题逐一得到解决，我们开始转向生态保护，就从野生鸟类保护开始。后来我们又结识了很多优秀的环保人士，付建国老师、王恩林大哥、王宝琴大姐，大家经常在群里交流、相互鼓励！从孤军奋战，到结伴同行。

2017年，我们和另外两位绥化的伙伴，合作发起了绥化野保团队，正式开始组队行动。2018年，在中国绿发会、让候鸟飞、中国野生动物保护协会等公益组织的支持下，我们的行动更有力量。

我们借鉴了天津团队马井生老师的"政府＋民间"野保模式，取得了一定的效果。通过媒体报道加大对公众的宣传力度，引起公众的重视，与政府和职能部门联动，解决问题更有力度。

2018年，我们和省、市、区职能部门建立了比较顺畅的沟通机制，解决问题也比较顺畅。

2019年，林草系统改革之后，新任主管部门领导们主动加入志愿者工作群，继续"政府＋民间"的工作方式。

2019年秋季，我和哈尔滨团队伙伴正式建立合作机制，继续在哈尔滨市开展保护行动。在省林草局主管部门领导的指导和协调下，在哈尔滨市森林公安局领导的支持下，团队与哈尔滨市区县林草局、森林公安局联动，媒体专栏报道，取得良好效果。

刚开始我们组织保护行动，捕鸟的老百姓是和志愿者叫板的，但是在联动机制下，捕鸟人特别配合。

哈尔滨团队伙伴多，人力资源优势明显，伙伴们能坚持、能吃苦，我们就组织拉网式排查。争取去过一地，解决一地，再通过媒体长期宣传，案件处理，收效还是明显的。大家也付出了艰苦的努力！目前看，我们巡护过的区域，非法捕猎现象已经很少见。

受今年疫情的影响，团队开展线下工作受到了影响。我们在监督鸟市方面坚持做好，我们不断向政府和职能部门反映问题，目前看，道外鸟市没有发现像之前那么严重的聚集售卖情况。

2020 年 5 月禁渔期开始，鸟类迁徙结束，哈尔滨团队开始启动松花江流域生态保护计划，收到了一定的效果。我们仍然是采用"政府 + 民间 + 媒体"的生态保护模式。通过联动巡护、宣传，向沿江百姓普及禁渔期有关规定，以及水生生物多样性保护的重要性。

媒体宣传和实地宣传，都引起了一定的关注，保护松花江母亲河生态，符合公共利益，也得到了公众的关注与支持。

2020 年 6 月 12 日，接到两个市长热线反馈，一个是非法拦截河道收费的；另一个是沿江湿地违建的，相关部门都正在处理。

我们团队基本上每隔两天行动一次，频率稳定。没有每天行动，一是巡护太累，二是大家也都有自己的工作、家事要处理。大家坚持工作、生活、公益三不误，做阳光公益，充实人生，收获满满的价值感。

目前，资金问题仍然是公益行动的拦路虎，伙伴们要自己出车费、出餐费，我们每次 20 多人，油费就得四五百元。我们的原则是先解决问题，把事情做好，再想办法解决资金问题。也在通过各个公益平台，以行动带动社会关注，争取公众支持，进而筹款。我们的目标是三年之内立足省会城市九区十县，解决区域内非法捕猎和松花江流域生态保护问题。三年后要见明显成效。

在公益行动过程中，我们得到了全国各地越来越多的伙伴的助力，大家越协作越有力。省内伙伴联结联动也越来越多，越来越好。也希望更多地借鉴各地先进经验，提高我们的公益行动能力和效果。大家互相鼓励，互相帮助，互相促进。

附录

洁宇、管绍贤，黑龙江省绥化市人，职业教师。2013 年至今，工作之余，从事生态环保公益。

2013—2017 年，倡导并与职能部门、企业一道，共同解决哈尔滨市松北区欧美亚工业园区企业污染问题、松北区金星垃圾场污染问题、绥化市经开区企业污染问题。并继续关注空气污染与环境问题，与职能部门、企业共同关注环境问题至今。

2017 年至今，从事生态保护公益，与黑龙江省林草局主管部门、媒体和志愿者一道，打造"政府＋民间＋媒体"生态保护模式，保护区域内野生动植物、生物多样性。

荣获 2018 年中国野生动物保护协会组织的"斯巴鲁生态保护先进志愿者奖"。

2020 年 5 月 31 日至今，与哈尔滨生态保护志愿者团队启动"松花江流域生态保护计划"，继续与职能部门、媒体联动，开展保护母亲河行动，为保护大美黑龙江、守护家乡生态奉献萤火之光。

徐晓英：做垃圾分类，如何与政府有效沟通

文/绿野守护工作组

2020 年 6 月 19 日，中国绿发会绿野守护行动"周五小课堂"，邀请了江西省乐平市绿色之光志愿者协会会长徐晓英女士，分享了她们在开展垃圾分类项目过程中如何与政府进行有效沟通的经验。

本文根据徐晓英女士的分享整理而成。

江西省乐平市绿色之光志愿者协会作为江西省第 2 个注册的环保公益协会，成立于 2017 年，2017 年 1 月 18 日正式通过民政局审批注册。绿色之光协会有三个公益服务内容：工业园空气污染防治；野生动植物保护；垃圾分类。

绿色之光在乐平市首开野生动植物保护先河，并在中国绿发会指导下，成功地开展了一些野生动植物保护案例干预，也取得了一些成绩，得到了乐平市林业部门的认可和信任。

在工业园空气污染防治这一块，环保行动者给予乐平市环保志愿者大量业务指导，在此基础上，通过近四年的业务跟进，绿色之光志愿者协会得以逐渐发展并壮大。

垃圾分类目前成为绿色之光团队的品牌项目，扬名省内外。

目前，绿色之光共三次承接乐平市政府的垃圾分类项目，为三个乡镇

实施推动指导垃圾分类。

第一次是纯粹以志愿者参与的方式进行，得到了政府的认可，后面两次为政府购买服务。

目前，垃圾分类项目在乐平市覆盖人数达到 3 万多。

从 2020 年 3 月 25 日开始，绿色之光承接名口镇将近 6000 人口的垃圾分类项目，并通过两个月的艰苦奋战，完成了前期垃圾分类指导工作。目前名口镇垃圾分类项目已经进入维护阶段。项目进行到这个阶段，尤其感谢北京辛庄垃圾分类专家卢雁频女士，是她的执着与坚持，让我们这个项目得以落地执行并取得初步胜利。

我们的垃圾分类项目有 10 个流程：①划分区域；②入户编号；③张贴入户宣传单；④通知开会；⑤组装分类桶；⑥介绍如何分类；⑦分发垃圾分类桶；⑧垃圾桶编号；⑨巡检分类结果；⑩分类收集。

垃圾分类项目分 3 个阶段：①垃圾不落地宣传，垃圾分类宣传指导；②建立一个完善的垃圾分类执行团队；③垃圾分类项目的运行维护。

具体执行"三桶四分类"：厨余垃圾堆肥；可回收物，包括很多低价值可回收物，我们都请了专业细分类员进行分类之后，再卖到市场，让它们形成资源循环利用；将有毒垃圾回收到垃圾分类处理站；囤积到一定量后，再交由当地环保部门，由他们请有资质的企业处理；其他垃圾。

我们每做一个项目都会全程驻扎在当地，而且每天我们的任务除了吃饭就是做垃圾分类。劳动量还是非常大的。每做一个项目，必须要政府高层指定一个直接对口的政府工作人员专门负责各项业务的推进。

我们在名口镇实施的垃圾分类是合同制推进，从项目前期建立团队，到堆肥厂的建设，垃圾桶的购买，后续维护监管，整个全链条都是由绿色之光项目团队完成。政府只需要在后续项目完成后接手就行了。我们做的是整个垃圾分类链条的对接，它的社会意义非常明显。

在项目组的专业指导人员退出后，当地会形成一个固定的环保小组，这只环保小组包括收运员、巡检员、堆肥员、翻堆员和细分类员。这一支队伍会可持续运行下去的。目前绿色之光所承接的项目当中都没有反弹的现象，一直都在比较健康地运行。我们也会持续跟进。

关于如何获得政府购买服务，我认为，首先，我们需要思考 4 个问题：①你是否真心去把垃圾分类作为本组织的一个行动力量？②在垃圾分类项目落地执行时，你如何发现问题并渡过难关？③你如何去向政府推荐你的垃圾分类项目？④你以什么内容来获得政府的关注？如果能弄明白以上 4 点，并且在行动中得到成长，我们一定能够获得政府购买志愿者服务。

首先，组织专家团队和政府进行先期谈判。要想获得政府项目，首先我们的发心很重要，一定要有这样的想法，并且愿意去付诸行动。在和政府交流的过程当中，我们一定要有耐心，并且要有一支曾经试点成功的、比较专业的专家团队和政府先期接触，让政府看到我们这一支公益组织的专业度，并给他们足够的信任感。

我所了解的公益组织，有很大一部分是非常抵触和政府交往的。即使有一部分志愿者组织愿意和政府交流，但是他们做的准备并不充分。唐唐突突就跑过去了，结果和政府部门负责人一交流，就让人觉得他们不是一个垃圾分类的成熟团队，无法让人相信他们能够顺利完成未来的垃圾分类项目，对他们没有一个足够的信任度。

如果能够顺利组织专家团队帮助本组织进行先期谈判，那我们的垃圾分类项目就已经有了一个好的开端。我相信专家团队的专业度能够让政府对我们产生足够的信任。让他们眼前一亮，相信公益组织能够为解决垃圾围城的社会问题作出成绩。也能够让政府看到这一块会成为当地管理工作的亮点。

其次，组建专业的工作团队。项目承接下来以后，就该是我们公益组织大刀阔斧干事业的阶段了。项目接下来了，如何去运作？运作是否顺利？每一个组织的成长，特别是实施垃圾分类项目落地执行的团队都会有一个成长的过程。在垃圾分类项目执行期中，我们得到了政府的项目款资助。如何做好预算，让预算在项目执行当中能够更加准确？

项目执行当中，我们会遇上各种各样的困难。能否在执行项目时有效地发现问题，解决困难，这是对我们这支队伍的考验。和当地政府打交道，其实是每一个团队必须面临的问题。拿绿色之光团队来举例，我们承接每一个项目的时候，都会建立一支专业项目团队，在一段时期内共同推动垃圾分类的落地实施。项目成员多的时候，我们一个专业工作团队会有十多名专业志愿者。

在这支专业团队当中，我们应该根据项目的需要给项目人员分配不同的职责。比如：专家顾问、项目经理、行政工作人员，项目外联、志愿者、专职会计。有了以上团队架构的支撑，我们就有了一支可以重拳出击的可持续运作的团队。接下来更重要的事情是，我们项目组的每一个工作人员要有强大的内动力，去克服困难，持续工作。而不是面临困难，首先想着退缩，甚至导致项目中途失败。只要我们每个项目工作人员都拧成一股绳，就一定能够给垃圾分类项目争取更多的资源，推进更多的工作。

再次，外联工作很重要。如果项目遇到困难，比如，预算不足、缺少经费。我们一定要找到政府工作人员，及时进行沟通。和政府工作人员沟通时，我们一定要让专家顾问提供最为翔实的数据和充足的理由，重新做补充协议，追加项目资金。有很多公益组织，通常会在面临困难的时候无所适从，内忧外患，导致组织负责人身心憔悴。

我觉得志愿者组织作为非政府组织一定要不卑不亢，定位为一个协同政府部门解决社会问题的第三方组织。我认为每做一个垃圾分类项目，必须要让政府部门出资出力，让他们充分参与，如此才能在项目组志愿者退出后可持续运行。

我们在承接名口镇垃圾分类的时候，就遇上过一件事情。名口镇政府因为希望我们尽快推动全镇 6000 多人口的垃圾分类，常常会给我们派送任务，比如，今天政府部门哪个领导来检查，明天要接待谁。

这些时间上意想不到的支出，常常会让我们的项目受阻并且无法按计划完成。面对这个问题，我和卢老师主动找到朱镇长，说明问题所在。而且我们给出一个结论：专业问题专业人做，做垃圾分类一定要以我们为技术主导，政府支持和配合，要不然这个项目我们不能继续往下做了。因为即使做下去，也不能按工期完成。后来朱镇长很积极地对我们说："好，所有事情交给你们直接对接。"

最后，日常交流也很重要。我们的市委书记也在我们的工作群里。在工作群里即使没有重大事件的时候，我们也要把平时的工作偶尔给政府部门作一个汇报，让他们知道我们一直在持续关注我们所做过的所有垃圾分类项目。我们主动对接、积极行动，这会给政府工作人员留下很好的印象。政府工作人员常常会在政府会议当中讲故事，号召人们向志愿者组织学习无私奉献的志愿者精神。

目前绿色之光接到了好几个政府部门抛来的橄榄枝，项目多得都做不过来。所以伙伴们一定要参与进来，共同完成垃圾分类这个全国的大事业。

如何种出生态林，和纯人工林说再见

文/林南生

每年的 3 月 12 日全国都会有大量的植树活动。

但是据我所知，有些人一般都是走一个固定的种树程序——挖坑、放置树苗、埋土、浇水，之后就让它自生自灭，甚至只是把这项活动当作一次郊游，对于种植的事情一概不知。

事实上，植树也是要遵循一些生态学原理的，尤其是大规模种植。比如，中国最大的植树造林工程——退耕还林。

退耕还林是中国的植树造林工程，是从保护和改善生态环境出发，将易造成水土流失的坡耕地有计划、有步骤地停止耕种，按照适地适树的原则，因地制宜地植树造林，恢复森林植被。

但事实上，很多实地的退耕还林区实施前期属于"放养"状态，后期失控，使森林植被恢复出现了反向或者不合理的作用，并没有很好地达到真正意义上的保护和改善生态环境的效果。

一、为什么会出现大面积的纯人工林

植树造林的依据是生物群落可以演替，人类活动可影响生物群落的演替。但是由于这一举措的"放养"状态，植树造林只是分配到户的个体承包，并没有专业的指导，导致大面积的纯种人工林肆意横行，典型的例子就是贵州某人工杉木林，原来的田地响应退耕还林政策之后，草木全部退化，只有密密麻麻的杉木林，林子里除了杉木，寸草不生。这样的纯人工林在种植、抚育、砍伐方面技术操作要求简单，成本低，单位面积上的产量较高，但是这样的退耕还林偏向于经济效益考虑，并不是生态效益优先原则。

二、纯人工林的弊端比你想象的更严重

弊端有三个方面：

（1）生物多样性降低。甚至使某些生物链断裂，进而大大降低了森林生态系统的稳定性。

（2）地力衰退。纯人工林植物单一，对土壤中养分的吸收利用也具有单一性，容易破坏土壤酸碱性平衡，由于纯人工林中生物多样性的下降，大大降低了森林掉落物的分解速率，使本身就不平衡的养分利用效率更加失衡，使得纯人工林的土壤更加贫瘠。如杉木的"自毒"作用（植物向环境释放化学物质，对自身以及其他植物的影响，浓度过高就会抑制种子的萌发，反之，抑制作用减弱，就会起到促进作用）。

（3）水土保湿能力低，易爆发病虫害。即便密度相对低，但林子里大片的杉木叶子铺天盖地，无法分解或者分解速度极慢，导致那里仍然鲜有植物生长，而且极易发生火灾。有些密度相对较低的林子里也只生长着蕨类植物，但由于纯杉木林带来的病虫害，把一些蕨类搞得面目全非，其中包括号称植物界的"活恐龙"的珍稀鳞盖蕨。

纯人工林该如何走向一个正确的"生态"方向，适宜的做法应当是营造混交林，可是在实际操作中，人们更倾向于主动追求经济效益，而忽略了造林地的生态环境条件、树木本身的特性及其造林地的适应程度。

降低林分密度，改造纯人工林。根据当地林地条件和树木生长速度进行疏伐，同时要保持林内自然萌生的植被，进行改造纯人工林，保持生物

多样性，保护野生动物，恢复完整的生物链，提供一个适宜动植物居住的生态环境。

据当地年长的居民口述，30年前，贵州该地还是一片野山森林时，时不时地还会有国家二级保护动物岩羊、麂子等珍稀动物的出没，后来一场暴风雨摧毁了当地的野林子，居民对其进行耕种。2004年，响应国家退耕还林政策的号召，政府派发苗木，当地居民对于该地包产自行植树，就长成了现在的纯人工杉木林。但至此，该政策并没有出现像最初预设和倡导的那样达到很好的生态效应，甚至在环境日益恶化的今天，可能会出现更多意想不到的生态后果。

因此，植树造林任重而道远，要想真正改善生态环境，不仅要改变以追求经济效益为唯一目的的造林思想，还需要多方的参与，跨界合作才能在生态文明建设这条路上渐行渐好。

参考文献

1. 苏惠民. 森林公安工作基础知识［M］. 北京：中国林业出版社，2007.1.

2. 黄云鹏. 林木栽培技术［M］. 北京：中国林业出版社，2007.9.

3. 王军. 营造人工纯林存在的问题及对策探讨［J］. 绿色科技，2013，（6）.

塑料垃圾不入江河，你做到了吗

文/荒野守护人

水是万物之源，任何生物的起源与发展都离不开水。水不只是用来喝、用来洗衣和洗澡的，河流也不只是人类的水源地和娱乐场，河流更是无数水生物种赖以生存的家园。

然而，在全球范围内，水质的污染、需水量的迅速增加以及不合理利用，使水环境日益恶化，不但严重地影响了社会经济的发展，威胁着人类的福祉，更使得无数依水而生的物种失去了自己的家园。特别是最近30年的塑料垃圾问题十分严重，我们在大多数江河上都能看见漂浮在水面上的塑料垃圾，这已经严重影响到人类生活质量和水生生物的生存环境。

塑料垃圾是指散落各处、遍布山川河流海洋湖泊，不可降解的塑料废弃物。它主要包括塑料袋、各种塑料瓶、塑料包装、一次性聚丙烯快餐盒、塑料餐具杯盘以及电器充填发泡填塞物、农药包装袋、酸奶杯、雪糕皮等各种塑料制品。我们已经对塑料制品产生了强烈的依赖性，如果日常生活中没有了它们，我们的生活将会非常不方便。但是塑料垃圾正一天天毒害着我们赖以生存的生态环境，毒害着我们的地球，毒害着我们的身体健康。向塑料垃圾宣战刻不容缓，这将是全人类的战争！

黄河上游最大的支流湟水河岸边，各种塑料垃圾布满了整个河滩，我们对大概 100 平方米的河滩做了个简单统计，共有各种垃圾瓶罐 183 个，其中饮料瓶 68 个（包括矿泉水瓶），医药瓶＋农药瓶 77 个（危险废物，有些瓶中还有药品），日化瓶 25 个（危险废物），厨房塑料垃圾 13 个，塑料泡沫因太多而无法计数。后来我们在此区域清理出垃圾 2.3 吨。

塑料垃圾对生态环境的污染点有很多，其中微塑料便是由塑料垃圾演变的一种极难对付的生态杀手！微塑料会污染河流、湖泊、海洋等有水存在的地方，它们影响水生生物的健康，也会影响人类的健康状况。

2018 年 7 月 8 日，国家海洋局局长王宏在生态文明贵阳国际论坛上说，"现在海洋深处四千五百米生存的生物体也居然检测出微塑料"[1]。中科院武汉植物园污染生态学博士王文锋说，"我国内陆水体微塑料污染同样普遍存在"[2]。我查阅了很多资料，看到微塑料已经遍布我国大部分水源。

目前已知的微塑料主要来源有陆源垃圾，主要包括日常使用化妆品行业，纺织和服装业、塑料制造、旅游业、船舶运输、自然灾害、农业生产、污水处理厂收集的生活污水、工业废水和雨水含有塑料，等等，这些将会从内陆流向海洋，从海岸漂入海洋。一个地区的微塑料有多种来源，多数都是我们自己日常产生的，源头便是我们人类自己。所以我们倡导塑料垃圾不入江河公众活动。

水并不是只属于人类，更是属于世间万物，无数生命都要依托水环境来生存。每个生命都应该有生存的权利。

保护水环境，不应该只是为了人类自己。让我们一起为水生物种守护家园，愿每一条河流都能焕发出勃勃生机。

近年来，我们的志愿者团队在全国多地开展河流巡查活动，巡查河道累计超过 1000 千米，河道巡查过程中发现企业非法排污、垃圾倾入河道、

---

[1] 国家海洋局局长：深海 4500 米的生物体内都有微塑料 [EB/OL]. [2019 – 12 – 08]. http://news. sina. com. cn/s/2018 – 07 – 09/doc – inezpzwt7722181. shtml.

[2] "水中 PM2.5" 污染悄然来袭　微塑料污染治理迫在眉睫 [EB/OL]. [2019 – 12 – 08]. http://www. thepaper. cn/newspetail_forward_2240616.

非法采砂、电鱼等各类环境违法问题过百起，70%以上的环境违法问题均已通过志愿者的干预行动得到了有效解决。

在开展水环境污染和生态破坏问题调查干预的同时，我们还发动社区的公众和志愿者一起清理河道垃圾，一起用我们的实际行动为保护水环境、维护水体生态平衡付出自己的努力。

解困影像调查实践

文/陈 杰

人们在谈论环境污染时，常使用"触目惊心"来表达感受，是因为人们通常是通过视觉传播获得的经验，所以，影像一直是环境报道与传播的利器。

2015 年 1 月 1 日，被称为"史上最严"的《中华人民共和国环境保护法》施行，环保部门从此有了"钢牙利齿"。

2014—2019 年我先后发表了大约 20 多篇涉及环境问题的纪实摄影报道，其中《沙漠之殇》等 16 篇报道得到了高层批示，促进了问题的解决。纪实摄影如何介入环境报道和传播，我个人总结了一些方法和经验。

一、线索和甄别

线索的丰富性是作出优秀环境报道的基础。

我的线索来源渠道：环境研究领域的专家、环保领域的律师群体、环境法修订的机构、环境科学考察活动的发现以及对一些环境问题比较突出的地区进行的自主调研等。

我报道的《沙漠之殇》信源来自一个环境问题专家；我报道的《被工业污染侵蚀的卡拉麦里自然保护区》信源来自一个微博粉丝；我报道的《海岸线的"疮疤"》信源来自一位律师；我报道的《三江源伤迹》是一

次科学考察中的发现；我的"金沙江危机"系列报道是我对金沙江流域生态环境进行的自主调研。

我们除了对线索的价值进行判断，还要注意到，一些环境事件适合以影像表现，而有些不适宜影像表达。

比如，《被工业污染侵蚀的自然保护区》选题，企业大量非法倾倒危险废弃物，造成土壤、水污染，侵蚀自然保护区，可供拍摄的有正在进行排污的现场、被毁掉的大量植被、化工污水排放形成的巨大坑塘、频繁在污水坑经过的野生动物等，这些都非常适合影像记录。

如果是关于某个电厂没有采取脱硫、脱硝措施，实施非法排放二氧化碳、氮氧化物等看不见、摸不着的污染物，这个显然很难用影像呈现。

所以，在面对大量的信息时，要准确甄别所选择的环境事件影像介入的可行性。

比如，《沙漠之殇》报道。在此之前，我重点了解了企业排污的方法，以及存在怎样的违法事实。抵达现场后，我通过三天的观察和走访，掌握了分属两个省的两个工业园区内一些非法企业排污的诸多事实，从影像表达和事件的典型性方面来说，都有非常大的操作空间。

报道发出后，详尽的调查，触目惊心的大量影像细节，引起社会广泛关注，得到了习近平总书记等中央领导同志的重要批示，遏止了腾格里沙漠继续被破坏。

二、深耕专业领域知识

环境专业领域的知识，可帮助摄影师练就辨识环境问题的"火眼金睛"。

长期以来，我密切关注环境领域相关的法律法规和条款，适时对相关条款的出台和对照的案例进行研究。

比如，《中华人民共和国环境保护法》第六章第五十九条中的"按日连续处罚"，《中华人民共和国侵权责任法》第八章环境污染责任中的"举证责任"，都是环境立法方面的巨大变化，这些变化在环境纪实摄影中都是非常重要的切入点。

另外，我也关注《中华人民共和国水污染防治法》《中华人民共和国大气污染防治法》《中华人民共和国固体废弃物污染防治法》《中华人民共和国环境影响评价法》，以及相关典型环境问题的司法解释，行业最新推出的污染控制标准等，也在不断完善。相关法律法规条例的修订，均是对照目前中国环境存在的重要问题，并逐渐与国际接轨而进行补充。

这些与时俱进的法规，给环境监督和对受害者的保护，提供了更有力的依据。同时，给纪实摄影提供了更多获得铁证如山的影像证据的机会。

除了熟知法规及行业规范，还需要进一步了解所涉及环境污染事件的具体情况，这也需要在专业上做足功课。

对所监督的一些企业，对其生产专业领域的工艺和环保重点要做好必要的研究。

比如，电解铝生产的污染物种类，处理方法，企业常见的违法行为；比如，煤矿、铜矿的开采，产生的污染物处置的方法，相关企业在环保上容易铤而走险的环节；比如，国家级自然保护区常见的生态困境。

也就是说，我们在做每个具体案例的过程中，要尽可能多收集相关案例的资料，分析产生污染的原因、污染的具体表现，分析这些污染源对生态环境可能造成的破坏，为后续如何展开调查和拍摄做好规划。

这些知识储备都是做好纪实摄影环境报道的基础，让纪实摄影在环境问题上能够"洞察秋毫"，并且能够对环境违法问题"击中要害"。

三、影像表现与证据意识

影像即证据，这是环境纪实摄影的要义。

影像的记录主要从适宜影像表达的四个方面入手，其一，正在实施的违法行为；其二，重要的环境污染场景的记载；其三，对周边河流、水源地、植被、自然保护区的威胁；其四，对人群及动物的影响。

这些，都是可通过影像形象化呈现的。

2017 年刊发的《被有毒废渣围困的村庄》，报道的是某省国有大型企业，将大量固体危险废弃物倾倒在村落附近，而且是黄河重要支流湟水河的边缘。

在为期一周的采访中，我成功地拍摄到了企业相关工作人员趁天黑正在偷埋上千吨固体危险废弃物的现场，坐实了足以让污染违法者入刑的最重要的证据。

接着，我在走访中，拍摄了更多此前被偷埋的固体危险废弃物，使用无人机拍摄了污染物偷埋点与黄河重要支流湟水河之间的关联，还拍摄了企业厂区与居民区之间没有按《中华人民共和国环境影响评价法》设置有效的安全距离，拍摄了空气污染、粉尘污染给居民带来的诸多困扰的情形。

报道当天，国务院派出调查组，会同当地监管机构，根据报道的线索对企业偷埋危险废物等违法行为展开调查。

国务院对该污染事件进行挂牌督办，不久有关监管机构失职公职人员、企业责任人等受到处理，一些涉嫌违法的人员被移交司法机关。

影像的证据价值，不仅让报道无懈可击，也为职能部门介入调查提供了突破口。

四、传播与解惑

环境纪实摄影报道，要善于借助新媒体的高效传播，引发最广泛的关注，为推进环境保护起到积极作用。

2017 年以来，我开始尝试深度文字、纪实影像、视频三种表现形态相结合来展开重大环境污染事件的调查。

比如，2017 年年初，我调查三江源自然保护区非法开矿带来的生态贻害，最终形成了一篇 6000 字的特稿、24 张图片、10 分钟的视频短片，然后附加了图表、地图等，在报纸版面上是以特稿和一组图片呈现，而同时在新京报网站、微信公号、微博及与新京报合作的各大网络媒介，以组图、视频、特稿、图表和地图同时呈现，仅腾讯客户端当天阅读量就达到 2000多万。

传播即影响力，三江源生态危机报道不仅让公众知晓，也触动了高层，推动了青海和西藏两地展开调查，叫停了三江源自然保护区核心区和试验区的一切矿山开采，并对造成植被破坏的 44 处矿山进行修复。

那么，纪实摄影在环境报道中体现的专业、严谨，不仅起到报道事实、揭露真相的作用，同时还具有鲜明的解困新闻特色，为社会问题的有效解决提供思路和借鉴。

2018 年 8 月 23 日，我和同事报道了内蒙古锡林郭勒盟一座濒临资源枯竭的碱矿存在大量污染环境的事实。

该企业随意倾倒工业固体废物，包括危险废物、生活垃圾，没有按《中华人民共和国环境保护法》对生产产生的粉尘进行有效处置等。但，更严重的是，企业把化工废水未经处理直接排放到没有采取防渗处理的渗坑，并进入生产流程，给草原生态带来巨大危害。

如果按传统的环境报道思路出发，从牧民的损害，哪怕是更严重的职工身体伤害等角度来讲，都还不足以代表其危害的严重性，重点是我们需要把这个产能落后、资源枯竭的企业作为目前许许多多类似企业的一个典型来剖析，力求推动决策层面对类似产业的重视和清理。

该报道以图片、视频、特稿等形式通过各种平台广泛发布，尤其是影像中令人震惊的场景，引起公众广泛关注。

当天，内蒙古自治区各级政府就污染事实展开调查，就报道提出的"化工废水直接进入生产流程是循环利用还是非法排污"这一问题会同行业专家进行研讨，探讨解决方案。

将纪实摄影和解困新闻紧密联系在一起，创造多元化报道方式，持续报道追踪，关注后续发展，最终提高新闻的传播价值。

纪实摄影报道聚焦于环境保护这样的国计民生之大事件，其外在表现是以令人震惊的影像来传播事实，在内涵上应该体现解惑先行，解困为主，推动改变。

前线攻略

禁渔期遇非法捕捞，这样做准没错

文/飞溪公益

一个钓鱼人，钓了二十几年的鱼，最终选择放下鱼竿，开始了反电鱼之路。有人说"枪打出头鸟"，但他认为，有的鸟来到世间，是为了做它该做的事儿，而不是专门为了躲枪子儿。他是朱凯，一个不讨好、先做事、只看结果的公益人。

自创立反电鱼联盟以来，朱凯就置身于反电鱼志愿工作中，开发了江湖眼 App，实时举报非法捕捞行为，开通了"反电鱼联盟"微信公众号，宣传非法捕捞给水生态环境所带来的影响，记录全国反电鱼志愿者的反电鱼志愿活动，同时还在个人直播平台上教大家如何反电鱼。在此过程中，有很多朋友陆续加入反电鱼联盟这个志愿队伍中，当然，也有很多网友在线提问如何反电鱼，遇到电鱼人怎么办。

我们都知道，电捕鱼这种非法捕捞行为对水生态环境的破坏很大，对鱼类资源的危害也很大。有的朋友提到过，曾经也拿起电话向相关部门进行举报，但总是无果，也没有受理，到最后不了了之，举报人也会失去积极性。那么当你遇到电鱼行为，应该怎么做才能有效打击这种非法捕捞行为且不产生正面冲突呢？在这里，朱凯为大家分享一下关于如何打击非法捕捞的技巧。

第一步：取证

取证，这一点尤为重要，是判断对方是否在进行非法捕捞的关键证据。保留好你的证据，这是关键。一定要先确保该行为属实，不可盲目举报。

（1）录像。一般来说录像比拍照好。在拍摄录像时可以开启手机相机的定位功能，并用手机将非法捕捞行为拍摄下来作为证据保存，中间尽量不要间断，并在视频中讲清楚非法捕捞行为发生的时间、地点以及你所看到情况。如果是夜间发现非法捕捞，不要紧，只要能拍到一些灯光也行。专业人员是可以从灯光中判断出对方是否有电鱼嫌疑。所以，录像取证是非常重要的环节。

（2）在拍摄视频的时候，务必要隐蔽好自己，要保证自己不被对方发现。如若被电鱼人发现，一定要迅速离开，在保证自己安全的同时，一定要把证据保留好。

第二步：举报

手头握有证据，那么向谁举报？在确保自身安全的距离内，拨打110或者向当地渔政报警，介绍清楚作案时间、地点、方式、人数以及举报人自身所处位置（记住，电话举报时一定要进行录音，同时要保留通话记录）。

（1）向110举报最为便利，不过据大多数志愿者反映，关于非法捕捞，110不会出警，或是会转到渔政。那么在这个时候可以向警察说明情况，因为电鱼属于违法行为，涉嫌破坏生态资源，需要在第一时间进行制止。

根据《中华人民共和国人民武装警察法》第四章第二十八条，人民武装警察遇有公民的人身财产安全受到侵犯或者处于其他危难情形，应当及时救助。

（2）向渔政部门举报是最直接的方式，建议打114查询当地渔政部门的电话，以备不时之需。

（3）网络举报。当然，也可以选择便捷的网络举报方式，无论是中国渔政执法举报的微信小程序，还是咱们反电鱼联盟的江湖眼 App 小程序，都是举报非法捕捞的好帮手。

（4）小程序。通过江湖眼 App 小程序进行举报，咱们后台也会迅速审核，并将非法捕捞的信息递交给相关执法部门。工作人员每月都会梳理出江湖眼 App 后台数据的月报，报送给农业农村部。

如何举报效果更好

有很多网友总说举报了也没有用，但是不举报更是不会得到受理。针对如何举报非法捕捞行为，朱凯还给出了几点建议：

（1）多了解一些关于非法捕捞的法律常识，要判断对方是否违法，首先自己就要明白哪些行为是违法的。

《中华人民共和国渔业法》（以下简称《渔业法》）第三十条规定：禁止使用炸鱼、毒鱼、电鱼等破坏渔业资源的方法进行捕捞。禁止制造、销售、使用禁用的渔具。禁止在禁渔区、禁渔期进行捕捞。禁止使用小于最小网目尺寸的网具进行捕捞。捕捞的渔获物中幼鱼不得超过规定的比例。在禁渔区或者禁渔期内禁止销售非法捕捞的渔获物。

重点保护的渔业资源品种及其可捕捞标准，禁渔区和禁渔期，禁止使用或者限制使用的渔具和捕捞方法，最小网目尺寸以及其他保护渔业资源的措施，由国务院渔业行政主管部门或者省、自治区、直辖市人民政府渔业行政主管部门规定。

《渔业法》第三十八条规定：使用炸鱼、毒鱼、电鱼等破坏渔业资源方法进行捕捞的，违反关于禁渔区、禁渔期的规定进行捕捞的，或者使用禁用的渔具、捕捞方法和小于最小网目尺寸的网具进行捕捞或者渔获物中幼鱼超过规定比例的，没收渔获物和违法所得，处五万元以下的罚款；情节严重的，没收渔具，吊销捕捞许可证；情节特别严重的，可以没收渔船；构成犯罪的，依法追究刑事责任。

同时我也在《渔业法》第二条上看到："在中华人民共和国的内水、滩涂、领海、专属经济区以及中华人民共和国管辖的一切其他海域从事养殖和捕捞水生动物、水生植物等渔业生产活动，都必须遵守本法。"

《中华人民共和国治安管理处罚法》第三十七条：有下列行为之一的，处五日以下拘留或者五百元以下罚款；情节严重的，处五日以上十日以下拘留，可以并处五百元以下罚款：（一）未经批准，安装、使用电网的，或者安装、使用电网不符合安全规定的。

《中华人民共和国刑法》第三百四十条：［非法捕捞水产品罪］。违反保护水产资源法规，在禁渔区、禁渔期或者使用禁用的工具、方法捕捞水产品，情节严重的，处三年以下有期徒刑、拘役、管制或者罚金。第三百四十一条：［非法猎捕、杀害珍贵、濒危野生动物罪］［非法收购、运输出售珍贵、濒危野生动物、珍贵、濒危野生动物制品罪］。非法猎捕、杀害国家重点保护的珍贵、濒危野生动物的，或者非法收购、运输、出售国家重点保护的珍贵、濒危野生动物及其制品的，处五年以下有期徒刑或者拘役，并处罚金；情节严重的，处五年以上十年以下有期徒刑，并处罚金；情节特别严重的，处十年以上有期徒刑，并处罚金或者没收财产。［非法狩猎罪］违反狩猎法规，在禁猎区、禁猎期或者使用禁用的工具、方法进行狩猎，破坏野生动物资源，情节严重的，处三年以下有期徒刑、拘役、管制或者罚金。

（2）尽可能发展更多的志愿者，让更多的人加入到反电鱼的行列中来。形成快速响应的行动机制。有经验的人，要去带动没有经验的人。按照吸引力法则，你做得越多，找你的人就会越多。你做得越成功，找你"爆料"的人就会越多。这时候，要善于把爆料的人慢慢提升为一起参与行动去解决问题的人。

（3）可以利用自媒体平台进行曝光，增加影响力和曝光率。巧用这些平台，可以事半功倍，让更多的人关注，能够尽快得到受理。必要的时候也可以考虑进行公益诉讼。

《绿野守护行动指南》 1.0 版本

文/中国绿发会"绿野守护"工作组

中国生物多样性保护与绿色发展基金会（简称"中国绿发会"）成立于 1985 年，一直致力于保护中国的综合生态系统，促进人类的可持续发展。2018 年，中国绿发会彩色地球事业部成立，从公众便捷参与的角度来说，"彩色地球"其实就是"生物多样性保护"的另一种描述方式。守护彩色地球，就是保护生物多样性，就是保护地球的天然综合生态系统。

2020 年，中国绿发会决定发起"绿野守护行动"，号召全国有志于保护生态环境的公民，都参与到这个行动中来。结合中国绿发会以及全国各地生态环境保护行动者多年来累积的实战保护经验，我们特地编辑了这个"行动指南"。这份指南主要供参与绿野守护的所有人员参考借鉴，也开放给社会上所有愿意应用的生态环保志愿者共享。

"绿野守护行动指南"预计每三个月更新一个版本。本"行动指南"1.0 版本在 2020 年 3 月 22 日正式发布。

（1）建议所有参与绿野守护行动的生态环境保护的工作人员、志愿者，开展相关的工作时，一定要事先办理中国生物多样性保护与绿色发展基金会的志愿者证书，一方面方便获得政府和社会公众的支持，另一方面也有利于绿野守护行动及时跟进相关业务，保障行动者的安全。随时联系中国绿发会就可获取办理的通道和方式，我们会非常快速地提供这项服务。

（2）建议所有参与"绿野守护"行动人员，事先都充分熟悉这些法律：《中华人民共和国宪法》《中华人民共和国刑法》《中华人民共和国民法总则》《中华人民共和国行政许可法》《中华人民共和国行政诉讼法》《中华人民共和国行政复议法》《中华人民共和国监察法》《中华人民共和国环境保护法》《中华人民共和国土地法》《中华人民共和国水污染防治法》《中华人民共和国大气污染防治法》《中华人民共和国固体废物污染环境防治法》《中华人民共和国放射性污染防治法》《中华人民共和国森林法》《中华人民共和国渔业法》《中华人民共和国野生动物保护法》《中华人民共和国环境公益诉讼法》《中华人民共和国侵权责任法》《中华人民共和国草原法》《中华人民共和国海洋环境保护法》《中华人民共和国慈善法》《中华人民共和国野生药材资源保护管理条例》《中华人民共和国政府信息公开条例》《中华人民共和国河道管理条例》《中华人民共和国湿地保护条例》等。

从某种程度上说，中国的法律体系其实非常完善，因此人人都要成为法律专家，用法律给自己赋能，所有的法律条款，可随时查询到。

（3）建议所有参与绿野守护的行动人员，事先要熟悉和掌握政府相关的职能部门和举报电话，并明确当地相关部门的职责范围。一般来说，涉及土地破坏问题，需要向自然资源部举报；涉及陆生野生动植物伤害问题，需要向国家林草部门及森林公安部门举报；涉及河道破坏问题，需要向水利部门举报；涉及水生野生动物保护问题，需要向农业农村系统的渔政部门举报；涉及湿地破坏的问题，要向国家各级林草部门举报；涉及企业污水、废气、废渣排放问题，要向生态环保部门举报；涉及生活垃圾和生活污水处理问题，可能要向城管部门或者基层自治组织举报。

每个地方都有当地特殊的政策和法律，以及运营习惯。我们一方面要掌握全国通用的做法，另一方面，更要熟悉具体的政府职能部门划分，这样事先充分准备，事到临头才不至于出错。现在全国在推广河长、湖长、山长制度，也可充分应用这些举报电话。举例来说，全国环境污染举报电话是 12369，全国纪检监察机关举报电话是 12388，全国自然资源破坏举报电话是 12336。2019 年 12 月 30 日，国家林草局森林公安局全部转隶公安部管理，以后拨打 110 就可举报野生动物伤害和森林草原破坏的案例。"中国森林公安"微信公众号是中国绿色守望者，可关注，可在他们后台留言提供线索。

（4）所有的举报必须有实际的、确实的、即时的证据。不能依靠他人的说法，也不能依靠猜测和推理。一切的真相都在现实生态环境中，因此，到达现场进行基本的有效调查和巡护，并准确描述所见和所获，是所有行动者必须做到的动作。线上的调查必须迅速进行证据固定，尤其是涉及能够清晰地帮助政府职能部门介入的线索，要获取得越多越好。

为此，绿野守护行动参与人，平时必须大量学习与生态环境保护有关的基础知识，比如常见野生动植物物种，比如环境污染的相关知识。

（5）依据国内保护生态环境的相关法规和"见义勇为"方面的法律，遭遇生态破坏和环境污染行为时，绿野守护行动参与人可以马上进行制止，并把违法犯罪嫌疑人控制、扭送当地的公安机关或者相关政府职能部门。当然，制止的过程必须文明合法，必须在制止的过程中同时固定相关的证据，以保障自身的安全和清白。

假如发现野生动物面临生命威胁时，应马上着手进行解救。解救的同时向政府职能部门举报，方便政府职能部门快速到达执法。在与政府职能部门合作时，要全程记录他们的行为，发现疑点及时咨询，以保障不会出现意外或者二次伤害。

（6）绿野守护行动参与人，要娴熟地注册和运用新媒体，充分利用新媒体带来的便利传播真相，促进问题解决。无论是微博、微信公众号、抖音还是其他的新媒体工具，都要客观真实地记录和传播自己的行动。不夸大，也不掩饰。遇上媒体来采访时，可把自己的发现及时地提交给媒体，方便媒体参与监督，带动更多的人参与和关注，促进问题更快更好地解决。

（7）绿野守护行动参与人可通过多种方法来促进问题的解决，这些方法包括但不限：直接而真实的现场调研、主动快速参与解救、向政府职能部门举报、自媒体同步传播、向媒体提供线索、发起生态公益诉讼、申请政府信息公开、举办交流和座谈会等。但所有过程都要文明守法，不能为个人谋取任何的利益。要警惕被人栽赃和陷害。

（8）绿野守护行动参与人，要对所参与的工作及时进行拍摄和描述所参与的过程和结果，方便协作团队进行传播和统计，以展示给捐赠人获得更多的信任和支持，以影响更多的公众参与。要及时总结取得的经验和教训，并分享给更多的人，以给更多的人借鉴。

（9）绿野守护行动参与人，平时要积极筹集资金，用于支持生态环境的保护工作。中国绿发会在腾讯平台上线了绿野守护的长期众筹通道，可随时通过这个项目发起"一起捐"，募集的资金由自己支配使用。

参与绿野守护的个人和团队，要树立非常好的财务信用意识，掌握财务的基本知识和技能，全力配合财务团队的工作；对参与行动过程花费的所有相关费用，要及时整理和核销，进行透明的公示和播报，以获得公众更多的信任和支持。

（10）绿野守护行动参与人，要有全国一盘棋的意识，团结友爱，互相支持；眼光要一直面向未解决的生态难题，境界要习惯于超越狭隘的个人局限。当兵要当天下之兵，保护生态要保护天下的生态。生态保护没有疆界，绿野守护行动人也不能自设壁垒。要有参与全国行动的能力和意识，要有协助其他伙伴的能力和意识。

同时，参与人要主动积极地向国内做得比较好的团队学习。目前，国内在积极参与前线的野生动物保护、污染防治方面，做得比较出色的团队有：让候鸟飞、拯救表演动物、反盗猎重案组、天地自然团队、反电鱼联盟、江豚保护行动网络、山水自然保护中心、无毒先锋、让鱼儿游、华北环境前线、东北野战军、华南环境报道、西南生态保护前线、中国绿发会穿山甲工作组、自然之友、公众环境研究中心、中国政法大学污染受害者援助中心、回归荒野、源头行动派、中国绿发会公益诉讼工作组、环境公益诉讼团、生态健康行动组、华东环境前线，等等。基本上都可通过这些名字搜索到他们的微信公众号和微博账号。

邵文杰：这 10 种"绿野守护术"包教包会

文/绿野守护工作组

2020 年 4 月 3 日晚上，是中国绿发会绿野守护行动的首个"周五小课堂"时间。我们有幸邀请到了中国绿发会濒危物种基金执行长、北京草原之盟总干事邵文杰，分享他将近十年参与民间环保的实证历程。

邵文杰也算是民间环保界的网红了，他的"直播"也有很强的带货能力。当然，他带给我们的都是无私的"干货"。

群内有一些新报名参与的小伙伴，听完他的分享之后，仍旧有些茫然，不知道"行动"为何物。期待得到进一步的解答。

为此，我们绿野守护工作组，邀请邵文杰，作了更详尽、更实用的解析和分享。

一、保护环境最有效的方法——公众参与

邵文杰特别明确地指出，保护生态环境最有效的方法之一是公众参与。

公众参与的唯一方式，就是亲历亲为的行动。绿野守护行动不是中国绿发会带你去行动，教你去行动，而是中国绿发会集结所有可能的资源和

方法，支持你的行动、鼓励你的行动、赞赏你的行动。只要你为了保护生态环境而采取了行动，中国绿发会就想方设法助你获得成功。你在行动中遭遇了烦恼、困惑、迷茫、伤痛，绿野守护行动会想办法帮你化解。但行动本身，保护环境本身，还是你自身的作为，绿野守护行动不会把它当成自己的成果，而会非常清晰地主张"一切都是你的业绩"。

在邵文杰看来，即使是做环保公益，人往往先关注与自身利益切身相关之处。有些人甚至是满怀不情愿地被迫起来与污染企业做斗争。不管你是主动的还是不情愿的，只要你开始"抗争"了，你就已经成为环保行动者，成为绿野守护人了。

邵文杰由近及远，推己及人，举例说明，详细罗列，逐一剖析。生动形象地讲明白了，一个普通人，从与自身"感觉上利益最相关"的做起，通过这 10 种环保行动，先"起步"，后专业，先笨拙，后熟练。

二、邵文杰给出的"公众参与 10 步基本法"

1. 污染企业在身边，持续举报帮它改善

比如，重庆有一个伙伴，在外面打工，春节回家，发现家旁边的红砖厂，日夜不停地运营，污染他家的空气，噪声打搅得他无法成眠。他开始频繁地打环保举报电话 12369，举报这家企业。这样的景象，就是离你最近的一种环保行动，值得鼓励，相信也会随着与污染企业的接触，一点点专业起来，高效率起来，甚至开始关注其他地方的污染企业，并与之抗争。自己的利益，要自己当家作主，要自己去全力争取。

2. 家乡居然有垃圾，马上清理它

比如，2019 年和 2020 年的春节，有一名导演，回到了湖南的故乡。他发现当年的小村庄，除了成为空心村之外，同时还成了垃圾村。城市里的垃圾，有人收集运到一些集中的地方处理，农村的垃圾，多半是散布全村。他二话没说，开始自己用小车清理，并发动村里能发动的人一起清理，然后发动外来的志愿者们一起清理，进而发展出了"零污染家乡"的理念。

3. 家里垃圾扔出去，试试垃圾能否减量

北京有一个志愿者，看到家里的垃圾每天生成后，就扔到楼下的垃圾桶中。她想知道垃圾去哪里了，开始跟随垃圾车进行观察，开始访谈小区里捡垃圾、卖废品的人。当她亲自走到了垃圾填埋场、垃圾焚烧场、废品分类回收站之处，她明白了垃圾的真正去向，也明白了一个公民可以做的事，于是，在家里她先做垃圾分类。她还学习了环保酵素的做法，把每天新鲜的果皮菜叶，做成环保酵素，用这个办法来进行垃圾减量。

4. 担忧生活环境有危险，那就检测起来

黑龙江铁力市有一个钼矿企业的尾矿渣泄漏，影响了当地的水源。在生态环境保护部门和饮水供应公司全力参与的情况下，有些当地的环保志愿者还是不放心，他们发出呼吁，应当对水体里的一些重金属成分进行检测，以更加有效地保障饮用水的安全，保障生态的安全。

湖南湘潭有一家历史悠久的铀业公司，该公司用酸洗的办法提纯铀产品，常年把生产的废水排放到厂区外边的空地上。小区里有一些居民不放心，于是就购买了便携式的辐射检测仪、pH试纸等，自己先进行简易的、求知式的公民环保自测。又取样了一些土壤样品，让有检测能力的机构帮助看看土壤的现状。了解真相，才能找到保护的突破口。

5. 网络平台还敢销售野生动物，马上举报

2020年的春节，让很多人对网络上销售的野生动物产生了警觉心。为此，在春节期间，一些环保志愿者组成了"电商无野"小分队，对各大平台的情况先进行浏览和调研，再把调研到的情况和证据写成文章，向相关媒体发起呼吁。小分队的行为引起了这些平台同样的警觉和关注，纷纷关闭了销售野生动物的网店。

6. 持续出门巡察，守护一起生活的生灵

即使是2020年春节期间，也仍旧有人在毒杀和销售野生动物。湖北襄阳的志愿者老周，就一直对当地水库的水鸟的安全保持警觉。有一天他和同伴在巡护时发现，有人在水库里下毒毒杀水鸟。他们马上报警。警方开始调查后，找到了投毒者。同样，辽宁辽阳也发生了类似的事件，也是在志愿者的举报下，警方立案侦查，将投毒者抓获归案。

7. 保持生态警觉，看到动物遭毒手为它请命

新闻里连续播报出有人用克百威（呋喃丹）拌诱饵毒杀野生动物的消息，让黑龙江齐齐哈尔市昂昂溪区的农民王宝琴坐不住了，她呼吁农业农村部门应当好好管理剧毒、高毒的农药，避免让它成为野生动物的"致命杀手"。她开始自学农药知识，自学法律知识，委托会写的小伙伴帮助传达她的心声。

8. 看到远方生态被破坏，热心地远程举报

从"深层生态学""生态美学"的视野来看，伤害生态的行为没有区域的分别，地球上任何一个地方的生态破坏，都和你的所在区域息息相关，都和你的生命息息相关。江西赣州的环保志愿者，知道云南有人把生活在森林里的高山杜鹃强行移植到自家院子里时，就向当地森林公安举报，引起了他们的重视。甘肃兰州的环保志愿者，看到网上有人传销"穿山甲透骨液"，马上就向贵州遵义的警方举报。

9. 爱它，就要付出代价去保护它

2016 年以来，有一个叫"反电鱼联盟"的团队，在全国各地非常活跃，得到了政府部门和广大公众的高度支持。有人说，他们与 2012 年发起的"让候鸟飞"一起，组成了一道遍布全国民间的"鱼鸟保护行动网络"，志愿者队伍一直在快速的壮大中。"让候鸟飞"是一些热爱鸟类的公益环保人士发起的，"反电鱼联盟"则是一些钓鱼人发起的。钓鱼人是对鱼有感情的人，当他们发现到处都有人电鱼，鱼类资源有可能彻底枯竭和灭绝的时候，他们中的很多人转型成了自发的鱼类保护的志愿者。

10. 职能部门某些工作人员乱作为，就打 12388

某些政府职能部门的工作人员不作为、乱作为，也是中国生态持续遭受破坏的原因之一。他们也应当在阳光下运行，他们做得不好的地方也应当受到监督和批评。因此，当重庆的环保部门某些工作人员庇护污染企业时，环保志愿者准备通过 12388 纪检监察举报电话进行举报。当国家林草局旗下的中国野生动物保护协会的某些工作人员乱设三级机构时，来自武汉的环保志愿者向国家民政局进行了举报。

邵文杰说，如果以上十种方式仍旧无法引导你行动，你仍旧比较茫

然，不明白怎么真正地行动，那么，最简单的方法，就是当实习生，找老师教你。就如民间过去的传统，要想学习一门手艺，先当学徒，拜师傅。保护环境也是一门手艺活儿。建议小伙伴们平时在群里睁大眼睛，看谁的手艺比较娴熟高明，就赶紧主动去拜师求艺。绿野守护行动全国志愿者群，每周会邀请一名"环保老司机"来讲课，也是给大家提供"拜师学艺"的新机会。

2020 年 3 月 23 日，中国绿发会正式发起了全国性、持续性的绿野守护行动，期待每一个人都能够参与进来，成为自己生命的守护者，成为自己所在地的生态守护者，成为生态安全、生态健康的守护者。

手把手教你，怎么去巡山

文/绿野守护工作组

理想的生态环境保护模型，是每个人都守护自己的家乡，为自己家乡的生态环境而自豪，为保护自己家乡的生态环境不受欺凌而卖力，让自己的家乡不受污染也不遭受破坏。

这话说起来很容易，真正要做到，其实非常难。我们很多人都说热爱家乡，思念家乡，要为家乡繁荣、发展、和谐、安全做贡献，但有意无意间，我们都在成为家乡生态破坏的"直接从事人"。我们要么在家乡遭受生态破坏时藏匿不出头，我们要么就是那些排放污染的人、破坏生态的人。

2020年4月13日，我们绿野守护工作组，在"红房子爱绿地"微信公众号上发表一篇文章《什么样的水平能够当省级"绿野守护长"》。来自河南的村民"金色的锄头"，也在他自己的个人公众号"西王召生物多样性保护队"发布了一篇文章《西王召生物多样性保护队开展第一期沁河鸟类普查活动，发现珍贵水禽》。

绿野守护工作组的小伙伴看到后，非常兴奋，这分明就是"守护家乡生态方圆一公里"的典型代表啊！

这个公众号的主人，真名叫韩向兵，他在自我介绍中说，自己是一名农民，有时候出去打打零工。他痛感农村污染严重，破坏严重，而苦于没有太多的方法。

最近他收到了中国绿发会的志愿者证书，他还期望中国绿发会能够支持他制作一面旗帜，方便他就地开展巡护和守卫。

他说："我们农村人搞生态环境和鸟类保护，绝对不是城里人的那种情况。有时候我们总觉得，和城市人沟通有'代沟'。很多人不了解我们的真实心态。"

中国绿发会绿野守护行动，特别乐意支持韩向兵这样的伙伴和团队。我们觉得，这样的所作所为，其实就是最好的示范和教材。

如果你到现在还不知道怎么组织巡护，怎么观察家乡的生态环境，你可以向韩向兵学习。我们也会在合适的时机，邀请韩向兵和他的团队，到群里给大家分享心得和经验、感受和苦衷。

为了方便环保小白们在家乡或者在自己的居住地，就地开展"自然观察""自然欣赏""自然守护"活动，我们昨天晚上又收集了最近十几年来，国内出现过的类似的"公众生态巡山型"的活动，试简单列举如下。搜罗得并不全面，只能作为参考。

（1）如果你关注河流或者说水系，你可以开展"乐水行"这样的活动。都说"仁者乐山，智者乐水"，沿着一条河流，画出一条行走路线，发出招募通知，约好接头地点，就可以"巡河"了。走的时候不一定要像赶路那样匆匆，可以边走边仔细交流讨论。发现问题可以及时记录下来，不懂的可以想办法请教周边的居民，或者到网络上搜索求证。

（2）如果你喜欢花花草草，可以组织植物观赏活动。这个在春天最受欢迎。当然，你需要《常见野花》《常见树木》这样的参考书，以便对照辨认。如果能够请到当地的植物专家当然好，如果请不到，随时向周边的人请教，或者用百度识图、微信识图，也能够很快找到那些陌生植物的学名和介绍。如果觉得荒野太野，那没关系，你可以到公园里先从常见的杨树、柳树、槐树、柏树这些园林树种，先拜访、结交、对话、初相识起来。

（3）如果你对周边的生态环境不放心，想要检测一下，可以到网络上购买一些价钱不贵的、方便携带的、简单操作的各种生态环境检测小设备。比如电磁辐射检测仪、核辐射检测仪、二氧化硫检测仪、水样 pH 试纸、噪声检测仪等。重金属检测仪这样的太过贵重的仪器，可能一时间购买不起，没关系，可以先采样，委托一些有办法的人，试着先小范围检测一下。

（4）如果你察觉村庄所在地，所住房屋周围，全是垃圾，那就不用假装巡察去发现了，马上去"捡垃圾"就好。自己一个人捡不过来，可以邀请一些周边的邻居一起捡，重点是河道里的垃圾。如果垃圾实在太多了，那就不妨邀请村镇里的干部一起来捡。相信他们一定会很乐意、很积极地配合的。

（5）如果你想认识鸟类，那么，你可以去观鸟，我们了解了一下，国内自 20 世纪 90 年代以来，社会上陆续出现了许多野鸟会、观鸟会、观鸟大赛甚至国际观鸟大赛。如果你对家乡的鸟类不是特别熟悉，手头又没有望远镜这样的工具或者《中国鸟类图鉴》等参考书，那么，只能用手机、肉眼先观察身边最常见的乌鸦、喜鹊，就像观察蚂蚁一样，全天观察一群麻雀的行为，也是很有趣的。这世界经不起观察，只要你观察得久了，慢慢地就能够逐步深入了。

（6）当然还有一些尚未广泛普及的爱好，比如观察昆虫，国内的虫友会也越来越多了。比如观察星星，如果你的家乡夜晚足够黑暗，那么，夜晚的山头，一定是非常好的观星台。比如观察地形地貌，每个人的家乡都是国家地质公园，都可以去观察认知的。比如观察农田作物，很多人五谷不分、六畜不认，农村的植物和养殖的动物，也是很好的"自然观察"起步对象。如果你有显微镜，想认识微生物，那也可以取样对着显微镜每天"向大自然求知"。

据绿野守护行动工作组初步了解，目前，与自然观察、自然欣赏有关的参考书很多，社会上早已经涌现出了一大批民间自然爱好者专家型高手；如果这些专家一时间找不到、靠不上，这些书一时买不着，那么，靠手机来完成智能识图和搜索对照，也非常便利。

可以说，当前的中国，观察自然、检测环境的工具非常充足了，国内自然观察类的生态环保旅游爱好者社团随处可见。因此，你需要做的，只是拿出一点时间，开始迈出第一步，然后，写下你的观察报告或者行动小结，你就有可能从此成为你家乡生态环境的忠实守护者，从此知识渊博、智勇双全，从此人生充满了激情和希望。

上环保前线，需要做些什么？

文/萧　江

　　考验一个人是不是真正的环保志愿者，就看这个人是不是能够上环保前线，直接在所谓的"危险感"中，通过自己的努力倡导，带动社会的各种力量，一起来解决前线中的某个具体环保问题。

　　我们把"危险感"加了个引号，意思是想说明，其实上前线并没有那么危险，很多危险是那些没上过前线的人设想和推演出来的。它不是真相，但经常被当成真相来对待。

　　当然，现实也是残酷的，既然有那么多的人本能地都相信上环保前线非常危险，那么，上环保前线会遭遇各种艰难和险情就是可能的。

　　不管危险有多大，只要上了前线，就要采取以下一些措施，以获取和掌握只有上前线才可能掌握的那些情报和信息，为解决问题获得第一手的资料和证据，为自己获得原创的能量，为后续参与的伙伴建立坚硬的工作内核。

　　第一个要做到的，当然是现场的具体场景掌握。包括拍摄现场的照片甚至视频，包括对现场的样品进行采样或者初步筛选化检测，比如用 pH 试纸简易掌握酸碱度，以了解排放物中污染的性质有多恶劣；比如用重金属检测仪检测土壤里哪类重金属物成分最多，采样后可定向委托有资质出具检测报告的检测公司重点注意这类重金属。如果遭遇的是生态破坏类的案件，那么如果能用无人机拍摄到现场全方位的破坏场景，显然就有更震撼的力量。同样，污染场景如果能用无人机拍摄下来，也会很有说服力。环保前线调研最有魅力的就是这种现场感。一切信息都不在报告和文件中，都不在传说和口头上，都在默默承受的大自然里真实无遗地呈现。

生态破坏和环境污染现场的调研当然不可能只有一次，但也不必求一次就全部调查清楚，掌握到一定证据之后就可先撤回。然后择机再重新进入现场。永远不用担心现场无法进入，因为现场都在敞开的大自然中，没有人能够真正地把污染现场严严实实地控制起来。只要你擅长选择时机，现场一定就是你的主场。

第二个要做到的，当然是了解污染和生态破坏对周边环境和居民的伤害。任何环境污染都是首先伤害了大自然，然后再向生存在这片区域的人类蔓延和扩展。大自然除了默默地呈现之外，没有办法直接诉说。能够诉说的就是自然里的那些物种，尤其是与这片自然相依为命的那些人。生态破坏也是如此，生活在这片区域的人有可能是破坏者，比如捕鸟的人往往就生存在村庄里，其他的村民都知道他在从事这门职业。他自己不说，其他的村民也会说出来。一个生态环保前线志愿者，要拿出足够的时间在生态破坏现场和污染伤害现场浸泡，甚至生活，把自己变成本地的居民，就能够迅速地了解最真实的情况。从获取直观证据的角度来说，居住在离污染最近的村民家里，居住在生态破坏最严重的区域的居民家里，是获得社会现场感和证据材料、村民证词的最好渠道。如果当地居民有参与过抗争和博弈，那么，充分地了解这些抗争和博弈史，当然也是最生动、最有力量的。

第三个要做到的，是调查和了解污染伤害主体、生态破坏主体的背景情况。这些背景情况包括主事人的背景，比如工作的企业老板的背景，毁林者的背景，捕鸟、捕兽、电鱼人的背景等。比如企业的生产工艺和污染物排放流程。如村民与企业的关系等。把这些人与人之间，人与企业之间，人与生态环境之间的关系梳理清楚，获得的材料就很真实可靠，下一步如何行动就会很明白清晰。

第四个要做到的，是这家污染企业或者这个生态破坏者在当地的发展史。一家污染企业从出生、到生产、到污染、到遭遇各种博弈，一定有其生命成长史。企业就如一个人，它要怀孕和出生，是要获得各种行政许可的。如果政府在这方面是失察、失职的，那么，政府的责任当然就会很大。如果在一家企业出生时要盖章的各个政府部门，都尽到了他们应尽的职责，那么，这家企业就是在顶风作案。如果一家企业在获得政府许可时获得了各种默许和纵容，那么，企业的污染本质上就是政府的责任。通过政府部门直接拜访、政府信息公开申请、企业背景调查、相关人士访谈等方式，就可拿到涉及许可的那些关键批示，往往就会成为责任追究和考核的关键证据。同样道理，一个非法的地下野生动物贸易网络，或者一个消费野生动物的市场、饭店，或者一个生态破坏的现场，都有当事人与政府关系可作为调研的核心目标。以电鱼者为例，电鱼的人不仅涉及渔政部门，还涉及河流管理部门，电鱼产品的生产监管部门，鱼获物销售的市场监管部门等。如果这些部门都在电鱼管理方面无所作为，那么，电鱼行为的泛滥，就是政府的失职，而不能简单地只追查电鱼者个人。

当然，所有的调研都是一个动态进展的过程，真实信息的掌握与倡导的进度是同步的，我们不可能掌握了所有证据之后再行动，我们也不可能指望几次调研就掌握所有的证据和真相，我们能做的恰恰是凭本能和"表面迹象"，就要马上展开倡导行动，要相信倡导推进的过程，才是获得最多真实情况的过程，才是进入博弈对象生命内核的过程。问题解决的过程，是信息掌握的过程。信息掌握的过程，也是问题解决的过程。自己能力成长的过程，是问题解决的过程；问题解决的过程，也是团队能力成长的过程。灵机一动的过程，是基本动作持续施放的过程，基本动作持续用功的过程，也是灵感火花锐度绽放的过程。各方面是完全同步、相辅相成的。

在环保前线，你可以做这些"行为艺术"

文/维　维

　　上了前线，有了新媒体，前线环保志愿者除了调研和了解情况，还可以做些什么呢？

　　从中医理论上说，社会的基本毛病，就是淤积。人类为了保障前行的安全，适度储蓄和囤积，是必要的，但如果囤积太甚，就会失灵，因储藏而静止的就会腐败，反而成了前行的障碍。因此，就需要用行动来实现硬件上的疏通，就需要新媒体来实现气血上的疏通，就需要思想和精神的转化来实现灵魂和意识的联结。

　　所以，要成为一名好的环保志愿者，第一要直接上前线，所有的恐惧和烦恼都会因为上了前线而得到疏通。第二要擅长用自媒体，这样自身调研的所有发现都可以在第一时间迅速疏散到社会上，成为社会的共同难题，引发公众的共同关注，带动社会能量共同前来解决。

　　这一来一往、常来常往、你来我往的过程，就是非常好的正能量与负能量交换的过程，就是非常好的温暖置换寒冷的过程，就是希望代替绝望的过程，就是客观取代主观的过程，就是理性融合情感的过程，就是围观者成为参与者的过程。

　　但环保志愿者、公益行动者到了前线，可不只是当个通信员或者传声筒，自身还有很多事要做的。一个环保志愿者之所以是公益的，就是因为他一旦到了环保前线，前线的问题就是他要负责解决的问题，前线的受害者就是他的盟友，前线的生态环保就是他要保卫的目标。所以，他除了了解信息，他还要有很多直接的动作。一个环保志愿者的能量强不强，就在于看他到了前线之后，在前线直接做出来的"行为和动作"强不强；一个环保志愿者美不美，就在于看他在前线做出来的各种动作，艺术感觉好不好，艺术气质高不高。

一个环保志愿者到了前线，行动的目标不外乎两个，一是找到环境施害者，无论是污染排放者还是生态破坏者，无论是环境违法者还是生态犯罪者，让他们承担起责任，让他们付出应付的代价。二是解救环境灾难受害者，无论是一片被污染的土地，是被捕捉和陷害的鸟兽，还是因为抗争而被迫害的环境难民，都要成为上了前线的环保行动者的第一工作目标。

有些环保组织，会让自己的工作人员，到前线拍照片、拍场景，甚至拍摄一些精心设计的富有艺术美感的照片，然后，就赶紧溜回家，最多把照片做到报告里，或者塞进给政府反映线索的小信封中，然后就相信自己做了很大的功德，相信自己的动作已经是环境保护最完善的"行为艺术"。

这样的行为，只顾了艺术，却忽略了真实的行动；只顾了给自己的组织贴金，却忘记了组织的使命是为了解决环境难题，促进环境正义。这里且不再说它。

生态环境遭受伤害的惊心动魄的现场照片当然是要拍的，态度也当然是要表达的。但做到这一步，当然也是不够的。

遇上了鸟类被捕捉或者下毒，要马上解救，该拆网要拆网，该解毒的要解毒。有人会在救鸟与捕捉捕鸟人两个成果方面犹豫不决，在我们看来，只要有鸟网，有陷阱，有兽夹，有毒药，第一时间就要清理，而且要清理干净，不留后患，不要打着"诱人深入""擒贼擒王"的旗号，在那里等下网人、下药人来投案。在自然界，野生动物的生命解救是第一位的。拆完了鸟网、清理完了毒药，再想办法找施害者不迟。这一次找不到施害者也没关系，至少给他制造了困难，做出了提醒，只要他还不收手，下一次的调研一定会查到他的真身。

　　当然也不能只是自己拆自己捡，这时候要同步做两件事，一是马上向政府的执法部门报案，并且用新媒体直播播报出来。二是要向社会公众求援，希望周边的人过去一起拆网、共同解毒，并提供相关的生态破坏者的线索，以便交给政府的执法部门立案和追查。当然，如果有正规媒体愿意赶赴现场来报道，环保志愿者也是非常欢迎的，只是一不摆脱、二不造作，实事求是，遇上什么就是什么。

　　如果对政府的执法速度和能力表示怀疑，在这里我们要明确表示，只要你做到以下三点，政府的执政能力一定非常强大。一是报案的同时做好详细的记录和录音，并且表示自己不是过路打酱油的，而是会一直在当地守护和清理，让他们赶紧出动。二是持续记录和播报政府执法人员的相关动态和现场，及时表扬他们的行动和成果。三是持续向公众播报现场的动态，号召更多的志愿者来见义勇为，一起成为生态环境保护的直接行动者。当然，当天休息前要迅速用新媒体手段对全天的现场进行更清晰的回顾和分析，并展望第二天的动态，带动更多的人参与，给围观的人以希望和信心。

　　是的，很多人在参与生态环境保护时，忘记了一个非常重要的法律，这就是《中华人民共和国见义勇为法》。很多人老哀叹，说自己没有执法权，却不知道，我们有阻止违法犯罪权，有举报权，有把违法犯罪的人扭送公安机关和政府部门权。如果你遇上电鱼的，你可以把电鱼人扭送派出所。如果你遇上了排污的，你可以叫停他们的环境违法犯罪，记录他们的环境违法现场，将他们扭送公安局生态环境局，或者所有可能到达的最近的政府部门。他们要保护生态环境；他们要表彰见义勇为者；他们有"首问责任制"，谁第一个接单，谁就要负责到底，政府之间事务的协调，是他们的事。因为只有政府的人，才知道政府之间的分工与联结的通道。

　　一个上了前线的环保行动者，接触到某个案例后，这个案例也一样成了他的责任。他无论走到哪里，都会成为解决这个环境问题的第一现场，因此，只要这个问题没解决，那么就需要持续地播报和展示，有成果要说出来，有困难也要说出来。有好的行动灵感要变成行动倡导起来，遭遇了恐吓和威胁也要直接大声地宣告出来，只有这样，随时在前线，随时在行动，随时在传播，随时在倡导，一件又一件"环保行为艺术精品"，才可能在解决问题的过程中被创作出来，从而成为社会精美的记忆。

奔赴环保前线，别忘记带上"新媒体"

文/维 维

在我小的时候，《青岛日报》的记者到村里采访。当时我和几个小朋友，带着的是那种尊敬、畏惧和向往的眼光，像看着怪物一样，看着那个戴着眼镜的叔叔，听他问什么，看他记什么，琢磨他在想什么。

也许我和很多人一样，对记者这个职业充满了好奇和敬重，以为这是非凡的人才能从事的职业。想象一下，只需要拿起笔，就可能对这个世界产生重大影响，就可掀起各种各样的波澜，这是具备什么样能量和福报的人，才有可能拥有这样的机遇。

而到今天，我们却发现满大街都是媒体，人人都是媒体，说是新媒体，其实早都已经被人用滥了。

但在民间环保或者说民间公益领域，很多人对媒体还是抱着我小时候的那种心态，一是以为那是某种特殊的人才能担当的职业，二是与自己没有什么关联。尽管我们都有了电脑，尽管我们都有了手机，尽管我们都有了朋友圈，但我们很多人，仍旧没法把媒体与自己的工作、生命、倡导很自然地联结起来。

我也是用着用着才发现了新媒体，或者说发现了自媒体的好处的。我以前也觉得自己不会写东西，现在我发现，其实人人都会写东西，尤其是，到了现场的人，能写出别人根本写不出来的文章。如果到了现场的人不写文章，那么，在后方的其他人，哪怕是个传播和媒体的老手，也一样写不出现场的状态。

环保志愿者到了前线或者说环境破坏的现场，如果不会拍照片、不会录音、不会写文章，那么，他的工作能量就会损耗很大一部分。

以前，一个人确实是没有权力写文章、传照片、拍视频的，但现在，新媒体出现了之后，一切都改变了。以前，我们去买东西，是没有权力自己结算的。现在，支付手段更新之后，什么都可以自己来做了。以前，人们买车票机票，是不可能自己下单的，现在，随着出行新媒体的出现，不也全都改变为自己来钦点了吗？以前，外卖是不可能送到家里的，现在，不也随着"新媒体"的火热，而变成新常态了吗？以前，人们是不可能直播销售的，现在，随着各种销售新媒体的出现，不也是人人都在搞直播当网红了吗？

如果说回溯新媒体的发展史，我们可以分为三个步骤。一是电脑和互联网的硬件支撑。二是各种新媒体平台，如早期的 BBS，紧接着的门户网站，以及随之而来的博客，以及随之而来的微博，以及随之而来的微信公众号，以及随之而来的短视频和直播平台。三是内容创造者的普遍化，不再是特殊的受过某种训练的人才有权力创造和发布，也不是某些拿到特别许可的人才有权力制作和发布。

到今天为止，可以说一个人有没有受过媒体教育已经不重要，一个人有没有所谓的知识也不重要。新媒体的傻瓜化和全能化，随时化和个性化，已经让每一个人，都可以随时向世界直播自己的状态和想法。

自然地，也就可以直播自己的遭遇和行动。

商人们可以通过新媒体来做销售，环保公益人士们，当然可以通过新媒体来做筹款。

自由写作者可以利用新媒体的赞赏费生活，环保公益行动者当然也可以依靠新媒体平台的传播来实现倡导的初步目标。

从社会能量学来说，环保公益行动者，带着新媒体到现场，可以实现两个能量的跃升。

第一次跃升是发生在创作者与现场状态之间。行动者在遭遇最感人或者最激烈的场面的时候，如果恰巧开通了新媒体，这时候就会转化为创作者兼传播者，创作和传播成了他行动中非常关键和重要的一个环节。以往没有新媒体的时候，这个场面无法现场记录和传播出来，能量会被严重压抑和严重损耗。现在好了，有了感觉可以马上让情绪转化为传播生产力，实现传播能量的快速放大和跃升。

这个带有感情能量的传播内容，不管发布在哪个公共平台上，都会带动平台的第二次能量跃升。因为新媒体平台最看重的是能量，而不是所谓的创作的标准性和规范性。越是感情丰沛的作品越能够震撼人心。而环保公益行动者遭遇的要么是惨烈的场面，要么是感动人心的转化现场。这两种场面只要是原发的，只要被及时地传送出来，就会引发平台的传播大联动，在短时间内穿透很多层面，迅速地实现巨大的引爆，震动原先不可能震动的那些僵化的部门组织和铁石心肠。

新媒体实现的这两重能量大飞跃，足以让每一个公益环保行动者都珍惜和重视。稍微明白一点点儿社会运行规律的人，都会很明白，新媒体是整个社会发展赋予公益环保行动者最好的一台发动机，完全应当与环保公益行动者合为一体。无论环保公益行动者走到哪里，都应当携带和开通到哪里。环保公益行动者要完全把它当成上前线最重要的武装力量，不能有一丝儿的隔阂与放松。

有了环保公益行动者来自生态环保前线朴实、客观、真实、可信的记录或者说报道，其他社会能量的跟进，才会成为可能。有了社会能量跟进的可能，一个环保公益案例的倡导才有可能实现社会力量的发动。而世间所有的倡导，都需要有一个发动社会力量的过程。不发动社会力量的倡导肯定是不可能实现预期目标的。而发动社会力量，与新媒体融为一体，是所有环保公益行动者的必备意识和技能。

案例是靶心，总有一枪打准你

文/维　维

　　有一种说法认为做公益的人都像游侠，路过某个地方，轻轻砍上一剑，也不管对方中没中招，甚至不管自己的剑是不是拔出鞘来，然后，就如一阵轻烟般地跑了。

　　所以在中国，环保公益倡导经常是在闹笑话的，因为，你好像发现了问题，你又好像面对了问题，你甚至好像试着解决问题，问题也似乎为响应你的想象而发出伪装的呻吟。然后，你就以为自己的动作有效了，倡导得力了，小目标——中目标——大目标在一个动作下就完成了。

　　这是多么可悲又多么可怕的成绩观。

　　如果你周游全国，去探查中国民间环保公益组织的真实业绩，你会被那些真实的场面所震动。又有一种说法认为环保公益组织都像是原点派，年轻时在一个点上踏步，年纪不小了还在一个点上原地踏步，美其名曰是把一个案例做深做透，却不知道如果你的案例不够丰富并且没有差异，所总结出来的经验根本没有任何的可参照性。尤其是有些环保组织和学者，都有"原籍依赖性"，只在家乡做案例，只在熟悉的环境里做案例，而且终生只敢做一个案例。

　　一个环保行动者要成为有全国视野、有真正解决难题之能量的环保行动者，就要突破以上两种说法的限制。做环保公益，要做天下之环保公益。

从单个案例来说，要改变简易轻飘的游客思维，就得持续对焦。一个动作不成，接连上第二个动作；多轮动作不成，持续上新一轮动作。如果一个人针对一个案例，能够想出十个以上的动作和方法连续出击，就如拿起一杆枪，对着一座靶子，快速而多样化地连续射击，至少有一枪会打中靶体，甚至有一枪会正中靶心。

如果所有的动作都是相连的，如果所有的动作都是公开的，如果所有的动作都是匹配上自媒体传播的，如果所有的动作都是发动公众的，如果所有的动作都是与社会高能量群体联动的——所谓的高能量群体，包括但不限于媒体、律师、专家学者、公务人员、爱说话的企业家、民间意见领袖、公益同行等。

从个人追求来说，如果你认定了此生要做环保公益，那么你就一定要持续对焦到这个领域，一个案例接着一个案例地深耕。

如果一个人一年能做上一百件案例，十年能做上一千件案例，比如一位外科医生每天都在手术台上做手术，这样的外科医生很可能成为知名专家。一百件案例大概会这样地分布，有六十个案例大概会得到不疼不痒的解决，有成果但缺乏激动人心的突破。有二十个案例比较顽固，可能用尽了此生所有的精力，调尽了眼前所有的资源，也无法真正地撼动，表面上仍旧镇静与安然，虽然内在已经出现了松动与分化。有十个案例有可能让此人终生难忘，让行业为之动容，让社会印象深刻。同时还有十个案例，可能是真正意义上的环保倡导案例，对整个社会产生了巨大冲击，因此社会得到改良。

但在你做完这一百个甚至一千个案例之前，你不知道哪一个案例会帮助你完成什么样的使命，帮助你实现什么样的业绩。因为业绩是后来分析与总结的，而案例却是当下与不确定的。只有数量到了，质量自然就会这样提升上来，汇报上来。但如果数量不到，甚至只局限于一两个案例，名为死磕，实为固守；名为做公益，实为把持自己的缺陷。

所以，在越来越开化、透明、自由、民主、真实、客观的今天，在越来越依靠个体主导的今天，在越来越需要与社会同在的今天，一个环保公益人士，在做环保公益案例时，只有两个法宝能够有所成就：一是面对一个案例要施展开至少十八般武艺，因为没有一种武艺一种做法能够实现真正的突破。二是面对自己的人生目标，每年至少要做十个、百个、千个案例，十年至少要做千个、万个、亿个案例，才有可能积水为海，积沙为塔，积石为山，积行动为意识，积个人为社会。

污染企业来了，怎么办？

文/华南环境

首先，我们要了解一个概念，"邻避运动"。邻避运动，或者说，关爱家乡环境运动，应当是最基本的环境运动，也是"环保行动者"的核心力量所在。我们如果不关注自己的家乡，我们当然不可能关注别人的家乡。

2011 年，我就开始试图研究中国式邻避运动，介入并参与了几十年发生在中国本土的案例。大体将邻避运动分为三个类型，一是污染发生之后型，二是污染发生之前型，三是生态破坏型。

邻避运动最大的特点是，离污染企业或者说生态破坏现场越近的人，关注度越高。离得越远，关注度越低。

与邻避运动一起经常被提及的一个概念叫"搭便车"。大家在与污染企业对抗的过程中，总觉得自己投入太多，而邻居们出力太少，有的甚至觉得邻居从不出力，于是满怀怨恨，诅咒所有搭便车、吃现成饭的人。

研究到今天，我发现，任何邻避运动，单个事件中，持续下来的团队成员，并不多。因此，邻避运动本来很可能就是一个"以少搏多""以弱搏强""以韧性搏凶狠"的过程。即使污染企业周边的小区有几万人，真正能够在行动中学习并持续成长为核心环保行动者的，一般也就十来个人。

这个现象给了我们一个很好的启示，就是，对抗一家污染企业，其实不需要很多人。三五人，或七八人，或十来人，都可以从容应对得很好。只要我们有智慧，有文化，有韧性，有耐心；只要我们互相信任，无条件信任；只要我们随时与全国环保行动者一起联动。

于是，这个现象给了我们一个更好的启示，就是"搭便车现象"是社会好现象，因为你必须从容地让邻居们搭你的便车。平素，我们也都在搭别人的便车。一个好的社会，就应当是处处允许他人搭便车的社会。

这个现象给了我们另外一个更好的启示，就是，当某个人自己想做某件事时，其实动力不是来自邻居，也不是来自社会，甚至不是来自家庭，而是来自他自己的内心。一个人内心想做什么，谁也无法阻挡。一个人愿意做多久，内心就会奉陪他到多久。一个永不妥协的人，一个坚持韧性的人，其实是在参与环境抗争中，通过这个路径实现人生修炼和自我成长。

所以，当污染企业来到你的家乡，你抗争也好，围观也好，开顺风车也好，搭便利车也好。

所以，当污染企业来到你的家乡，你可以做以下 10 件事情。

从战术上说，就是"知己知彼，百战不殆""兵不厌诈，事不厌多"。

第一，弄清楚污染企业的名字。一定要是全名、正名、学名、工商注册名。搞清楚这家企业的董事长、总经理的真实名字。

如果他们来到了村里，就多拍下他们的照片，正面的，近距离的，面带微笑的。

第二，积极结交本村与污染企业对接的干部，并与他们进行详细交流。了解更多的内情，掌握更多的政府决策背景和原因。如果他们手上有相关资料，就都拍照、复制下来，以备日后查档。

第三，争取在最短时间内，弄到企业的所有"行政许可文件"。包括发改委的审批、环保局的环评批复、城建局的审批、国土局的用地许可审批、林业局的林地审批、村民大会的"审批"、工商局的注册、银行贷款的相关手续等。复杂一些的地方如北京，甚至有水务局的"建设项目用水评价许可"（简称水评）、发改委的"社会风险评估"等文件。

你所说的弄到、搞到、整到，是什么意思啊？是不是要我们去上访或者去政府要？不是啊，就是去政府相关部门查阅，去政府相关部门申请，去政府相关科室去拜访，你就很容易"弄到"。

第四，如果任何一个"行政许可"条件没满足，企业就已经开工，可以马上向这个部门举报。打市长热线，打城管电话，打环保局举报热线，打国土局举报热线，打海洋局举报热线，打水务局举报热线，打林业局举报热线。光打电话还不行，还要把打电话的过程和结果记录下来，整理出来。同时，用微博、微信播报出来，大家在过程中共同成长。而这些记录，又会成为良好的"污染企业博弈社会公开档案"。

第五，当然是赶紧了解这家企业的生产工艺了。所有的企业之所以成为企业，就是因为有相对成熟的生产工艺，这样才可能生产出相对质量稳定的产品。然后通过百度之类的搜索工具，基本上了解这些生产工艺在生产过程中可能排放的各种污染物。无论是过程性的排放（所谓的跑冒滴漏等"非组织排放"），还是末端性的排放（所谓废气、废水、废渣等"有组织排放"）。

知道了其排放的污染物是什么，当然是去了解这个污染物在中国当前的治理水平，以及相关部门对这污染物的治理要求。治理要求和标准是会经常更新的，一定要查到最新的国家标准，最新的行业标准，最新的省部级标准。

第六，当然是要注册微博、注册微信公众号，向社会公开所有的博弈进程。微博、微信公众号注册非常简单，你关注某家污染企业，可以直接取这家污染企业关注者为名——比如"中国石油污染监督者"。或者你也可以自己为主，直接亮身份，叫"环保行动者某某某"。

注册了当然要用哦，每天播报你所发现的，时时曝光对方的行为举止。有文字，有照片，有现场，有评价，你所关注的事情，就会成为全社会的人都开始关注的事情。一家污染企业一旦被全社会关注了，那么，它整改从良的日子就不远了。

第七，要迅速组建微信群，形成作战指挥部。本地的积极分子当然要吸收进来，全国各地的相关专家当然要吸收进来，自己所认识的媒体当然要吸收进来，在外地发展得好的本地优势力量当然要吸收进来。大家每天都要讨论如何获取更准确的信息，如何与污染企业更好地博弈。

当然，最重要的，是要把环保组织成员也拉进来。如果你不知道这个世界上有什么环保组织能帮你，那么，你找"环保行动者"这个平台，一定能迅速帮你找到最有力量的合作伙伴介入。如果是空气问题，可找"好空气保卫侠"；如果是水的问题，可找"乐水行"；如果是重金属问题，可找"中国重金属污染调查中心"；如果是垃圾问题，可找"零废弃联盟"；如果是森林破坏，可找"森林保护局"……

第八，要开始适度筹资。过去，大家喜欢把钱给某个信得过的人，让他来管理和公示。这样当然很好，但容易把这个人陷于不义之地。时间长了，大家开始怀疑他。

现在办法好了，众筹的平台到处都是，大家一起到某个众筹平台上发起个项目，愿意捐款的人往上捐款，捐款之后，资金由一个三五人组成的管委会成员保证日常公示。而此事的"首事者"，当然责无旁贷，要多担当一些日常事务的推进。

筹款不在多，而在够，用多少，筹多少。不够了，马上发起新众筹。以小额多次、一事一筹为宜。

第九，经常出门游学，结交全国环保行动者。一旦与污染企业作上了斗争，就要有意识地出门学习。要成为一个主动的环保行动者，与全国各地的伙伴交流是非常必要的。当前好多机构都有很多会议，这些会议是极好的培养天下之气的场面，可以提升自己的认识，结交世间的伙伴。

这样，你才发现自己并不孤单，你才发现你家乡的问题其实也在其他人的家乡发生。你身上缺乏的经验，其他人早已经具备。而你探索出来的道路，也给了其他人以启迪。

第十，关注其他环保行动者的命运。当我们与全国环保行动者开始了联动，我们会发现，也许其他人的命运，比我们更悲惨；也许其他人遭遇的事情，比我们更紧急。

帮助别人的过程，就是提升自己的过程。当我们关注了其他人的命运，你的命运，自然会有更多人挂心。

最有意思的是，人贵在患难之中缔交情谊。环保行动者本身是一个"战友联谊会"，不是简单的酒肉朋友，也不是点头微笑的泛泛之交。关注他人，才能保护自己。

怕挣钱？ 台湾 11 岁女孩，教你怎么卖环保产品

文/杨田林

风潮音乐是台湾非流行音乐的领先品牌，以心灵音乐、自然环保音乐著名。

2000 年，我在风潮音乐当顾问，那一年世贸国际书展，我找读小学五年级的杨桃汁去书展见习发磁盘（DM），也鼓励她试着帮忙销售唱片（CD）。

我说：你不用推销，只要跟顾客分享你在家里读书、休闲时听风潮音乐的心得就可以了。

结果，才 11 岁的她，一炮而红，一天竟然可以销售 2 万多元。

那一年国际书展，风潮同仁士气如虹，上下一心，业绩比前一年增长了 80%。

后来她在花莲读大学，节假日回到台北，风潮经常找她到台北"故宫"风潮专柜打工代班。

杨桃汁虽是代班工读生，但业绩非常好。

我问她：你怎么做到的？

她的回答很简单：用心啊，用心察言观色就做得到。

她举例：从客人穿着打扮，就可以分辨属性，打扮得很空灵的，就介

绍心灵音乐。带小孩的，就介绍东方天使之音……。

客人试听音乐时，只要出现一点点不耐烦，她立刻换音乐类型。

客人手拿CD盒子不放，听得入神，就代表"Bingo"，但也不能听太久，在适当时机介绍同类型音乐，以提高客单价。

有一次我问她：没有客人时，你都在做什么？

她的回答令我吃惊：没客人时，我会跑到门口等游览车，观察下车乘客年纪打扮，赶快回柜位调整产品陈列项目，播放合适的音乐，这会有集客力效果。

有一次，她从台北回家有些沮丧。

原来那一天业绩不好，只卖七千多元，不到平时的三分之一。

她打电话给主管致歉，主管安慰她，并告诉她，她是这一档展览中最高成绩了。

原因是那次展览主题是希腊文化展，跟风潮属性不合，目标顾客群不对。

当天她一到班，知道前几天业绩都很差，她就很紧张，努力了一整天，仍不尽如人意。

我安慰她，这是非战之罪。

再问她：如果业绩是零，你怎么办？

她抬头说：爸爸，你这是笨问题。因为这不可能在我当班的时候发生。

我继续追问：万一呢？我是说万一你真的很努力，但就是没客人，业绩仍是零呢？

杨桃汁想了想，淡淡说了一句：那我就自己掏腰包买一张CD。

这答案，令我讶异，也令我敬佩。

大二那一年，她突然告诉我：

爸爸！我卖CD最大的心得是：业务人员要有很正向的心态，不管当天业绩多好，隔天就是归零，一切都要重来。所以心态健康很重要。

是啊！很多行业也都如此的。

她的业绩一直都很稳定，风潮主管也都很肯定她。

又一次，我鼓起勇气试着问她一个大问题：

你业绩都很好，但工读费都是固定的，没有奖金，你会不会抱怨？

她秒回：不会啊！我是大学生，风潮愿意给我机会学习，还给我零用钱，我很感激，做人不能贪心啊。

这次她的回答，令我激赏，更令我欣慰。

真是杨家将啊！

杨桃汁年轻时打下了好的基础，勇于挑战不怕挫折，建立了正确的价值观。

而这些都有助于她这几年在职场上奋战，我们以她为傲。

绿野观察员，每天一次初相识，十天就可成材

文/绿野守护工作组

中国绿发会牵头发起的绿野守护行动得到了越来越多的人支持。具体怎么行动，我们也有了非常清晰的分类。

如果你愿意、敢于直接行动，那么，可申请得到省级守护长的支持，或者是"在地守护人"的支持。

如果你愿意参与筹款和传播，筹款工作可基于我们"绿野守护行动中国"的腾讯众筹，先用"一起捐"来练手，可给自己筹集人生第一款，也可帮助前线团队筹款。传播工作可基于我们绿野守护行动采编团队，或者各守护人的团队，一起多多传播。

如果你觉得自己什么都不会，什么都不敢，那么，你可以成为绿野观察员。

要做绿野观察员，非常简单易学。

你只需要拿出十天的时间，每天给自己设定一个小目标。

我们称为"绿野守护十个小目标工程"。完成小目标的标志，是在有原创的记录的基础上，主动开展分享和传播——最好发在自己的新媒体上（比如在抖音快手、喜马拉雅、微博、微信公众号、今日头条这些头部流量的平台上发布）。

闲话少说，我们直接进入十个小目标工程。

（1）认识一种你所在地方的"家乡"（当前居住地就可以）的本地野生鸟类。一定要在野外自然的条件下，将它们辨识出来。拍照片，写出当时的说明和感受。不能是笼中鸟，不能是动物园里的鸟，也不能是养殖的鸟。

（2）认识一条野生鱼。同样必须是你所在的"家乡"（当前居住地就可以）的一条本地生长的河湖海洋里的鱼。同理，一定要在野外自然的条件下观察到，不能通过钓鱼、电鱼、网捕等方式将它们捕捉后再观察。

（3）认识一朵本地野花，可以是草本，也可以是木本。不能是农业蔬菜粮食的花卉，不能是家里种植的观察花卉，不能是公园景观里的园林物种——但可以是在公园里虽然被一再清理而仍旧顽强生长的野生花卉。

（4）认识一只本地昆虫。注意，蜘蛛不是昆虫哦。最好是萤火虫这样的纯野外天然品种。当然，可以是蝴蝶，也可以是蜻蜓，可以是蚂蚁，也可以是蟑螂。同样的道理，必须是野外生存的——蟑螂、蚊子、苍蝇，虽然经常生活在人的家里，但也是"野生种"。

（5）认识家乡（当前居住地）的一座野山，并对这座山的天然状态有所了解，对它当前遭受的生态威胁有所考察。

（6）认识家乡的一条野河，对这条河的全流域有所了解，对它遭受的生态威胁、污染、破坏、捕捉、采砂情况有所考察。

（7）认识本地的一棵野树。同样的道理，不能把园林种、果树当成野树，也不能把人工经济林里的那些树当成野树。必须到野山上、野河边去好好地观察和认识。

（8）用环保的视角阅读一本书。书可以是所有类型的书，尤其是与政治、经济、科学有关的经典著作。但阅读的时候要以环保的视角来切入。有人要问了，那么，怎么才可能树立"环保的视角"呢？那你可以先阅读《寂静的春天》《深层生态学》《中国常见植物野外识别手册》这样的环保奠基作品，也可阅读《农药毒性手册》《抗生素制作技术》这样的作品。

（9）认识一个"民间"环保人物。如果你的家乡没有这样的人物，可以按照我们列出的这十个人中任选一个：可可西里保护者索南达杰、自然之友创始人梁从诫、公众环境研究中心创始人马军、山水自然保护中心发起人吕植、四川九顶山野生动植物之友负责人余家华、中国绿发会秘书长周晋峰、彩色地球发起人周建刚、阿拉善生态协会创始会长刘晓光、中国野生动物保护协会会长陈凤学、淮河卫士霍岱珊。

（10）认识一只本地的"野兽"。在中国人的思维里，野兽一般指陆生野生动物。那么，最常见的物种就是老鼠、野兔了。当然，如果条件好一点儿，也可能在山上看到野猪什么的，条件再好一些的，还可能看到旱獭、藏原羚。当然，"看到"的原理还是一样的，必须在野外天然环境下，在没有人干涉和骚扰的前提下，通过非常安静而友好的生态观察方式，"捕捉"到这只野兽的"倩影"，并对它们的生态习性进行初步的描述。

每个人都有不同的成长阶段，"绿野观察员"基本上是从学习和认知的角度，为绿野守护人培养"后备和新生力量"。从我们此前的经验来看，一个人关于自然生态的知识再丰富，阅读和收藏的书再多，野外的观察记录再全面，只要没有真正地为保护一只鸟、一条鱼、一朵花、一座山做过具体的有效行动，本质上，都只能算是知识储备和自我内在修行的阶段，最多只能算知识仓库和"检索机器人"。很多人终其一生，都陷在这样的阶段里不可自拔。生态环境保护的知识学习是重要的，但比它更重要的，是不管你有多少知识，多少储备，都敢于马上去开展守护行动。

绿野守护人，这十条持续地
做到一条，就能"封神"

文/绿野守护工作组

成为"绿野守护人"可以持续做十件事，这十件事倒不一定要全部做到，甚至从专业分工来说，能够下决心把其中的一件事做好，最多十年，你就完全可以成为绿野守护人争相传诵的人间佳话。

一、了解身边的日常环境真相

自然观察者了解自然的过程，同时也是"监测自然"的过程。而检测环境的人，则更需要依托一些工具和样品。比如你想检测自己呼吸的空气质量，那么你就要买来便携式的空气质量检测仪，在自己的屋子里或者屋外，开展检测。

比如，你想知道种植食物的土地里是不是含有很多重金属，那么，你也可以采样土壤用重金属检测仪进行检测。比如，你想知道高压线是不是会产生电磁辐射，你翻遍理论和专家说法，都不足以为信，那么你就可以购买便携式的电磁辐射检测仪自己检测。

如果你还想做得更精细一点儿，比如，想检测化妆品、乳制品、饮用水、大米、药品,这些直接入口、上身之物,那么,你也可以自己开展检测,或者委托市场上的商业公司来帮你检测。浙江有一个著名的"老爸评测",就是走的这条路线,绿野守护人可以看看他的故事,获得一些灵感和资源。

二、绵绵不绝地采访民间环保人物和传播他们的故事

中国的民间环保人物很多,几乎每年都有新的传奇人物涌现,已经在岗的也每年都在延续旧有的风采。为此,如果你觉得自己的笔头还行,又天生喜欢和民间人物打交道,那么,你完全可以立志撰写这些民间生态环保人物的故事。由于你自身也已经在绿野守护人的群落里,不仅容易获得线索和素材,还容易获得这些人的信任和支持,只要一篇一篇地有创作成果出来,你就会受到越来越多的欢迎。

这里提的"写作"是一个宽泛概念,拍摄视频、录音采访、照片讲述,也都是一样的道理。只要是你自己原创的,只要采访的对象是民间环保人物,只要你愿意积极地传播和推送,你就有可能成为一名新时代的著名媒体人。具体怎么做,"彩色地球守护人"公众号的做法,值得模仿。

三、持续组织巡护活动

持续组织巡护活动,包括线下日常巡护、卧底调查、突破性强攻,也包括网上持续巡查和有针对性的倡导。日益丰富的巡护活动看上去很简单,其实也不容易。组织一次活动可以,持续地甚至高密度地组织公众型的巡护活动,直到把一条河、一片山、一座城、各种电商和交易的网络平台,甚至一个省、一个市,给彻底地守护好,保护健全,推进改变和优化,那是功德无量的事。

中国一直存在的那些生态环境破坏事件,有如冰块,让很多过路人纷纷滑倒。如果你力气足够,遇上冰块就去砸,强力破冰、除阻、去冻,那当然是一种好办法。但如果你力气不够而你温暖热情,那么你用身体来捂

着这些冰，或者在冰块区生火，慢慢让这些冰融化，化成水、汇成河，化成气、聚为云，也是一种好办法。持续地、高密度地、开放地、宽容地组织巡护活动，也是绿野守护人日常可以开展的功课。

北京市著名的环保志愿者张祥，不仅是持续地巡护、观察活动"乐水行"的发起人，也是组织者，他的经验很值得学习和分享。具体怎么做，华北环境前线、电商无野行动、反盗猎重案组的那些做法值得参考。

四、针对一家污染企业持续开展多种与其博弈的行动

企业是社会经济的发展者。但污染企业有时候如此顽固，以至于猛一看去似乎没有办法与之博弈。从行政许可的手续上看他们可能是完整的。生活在污染企业旁边的公众，有时候就哭诉无门，甚至因为举报这些污染企业而遭受打击。

这时候，你就要学会采用多种方式来与之周旋了。有四个基本动作是可以做足的。

（1）彻底调查这家企业的所有政府手续是不是真的合法合规，比如环境影响评价报告，比如污染排放监测记录。

（2）现场多采样检测、多蹲守观察，掌握这家企业的真实的污染排放证据。

（3）与周边的污染受害者联结起来，发现更多的这家企业污染环境的严重后果。

（4）了解这家企业的生产工艺，分析这家企业的"污染物排放特征"。

把这家企业了解透彻之后，无论是举报还是起诉，无论是传播还是沟通，都会比较有理、有利起来。具体怎么做，微信公众号"零距离污染特工队"持续关注工业园的污染的这个方式，值得借鉴。

五、拆除与播报

捕鸟网、捕兽夹、电鱼设施，法律上虽然严禁使用，而在现实中，仍

旧很多。靠法律，这些一直在自然界中出现的伤害自然生态的普遍化、常态化工具，是不可能自动消失、主动消失的。

遭遇这些捕鸟网、捕兽夹、电鱼器，唯一的办法就是拆除、举报，同时调动政府的工作人员来现场协助，并把拆除、举报和政府工作人员参战的过程，全部如实地记录下来并播报出去。

六、捡起与减去

我们国家，到今天为止，仍旧没有解决生活垃圾、工业垃圾的随意排放问题。如果说工业垃圾可以被视为污染防治，而很多公众不太愿意参与的话，那么，生活垃圾的解决，则是每个人都可以有所作为的。一个人一辈子每天都必然会生产的，就是垃圾。垃圾应当由生产者自己消化，而不应当随意丢弃，转嫁给自然环境和他人。但现实中就是有人在转嫁和转移垃圾，那么，就得有一批人，成为这些转嫁和转移的垃圾的解决者。

如果你是一个关注垃圾问题的绿野守护人，那么，你可以做的事有两个，一是捡起，自己捡，组队捡，持续捡，遇上垃圾就捡。二是减量。如果你还更有心一些，还可以利用每天做饭、吃水果剩余的那些生鲜的厨余做"环保酵素"。这样至少可以帮助你家少往外扔一半以上的生活垃圾。做出来的环保酵素，还可以用来洗碗什么的，省去了买洗洁精的钱不说，也减少了洗洁精的化学品污染。

七、发起环境公益诉讼

绿野守护行动发起之后，我们专门去研究了一下国内民间环保组织发起的环境公益诉讼的案例和成果，发现环境公益诉讼是保护环境的重要武器。你没有律师，没有关系，你可以通过发布新媒体去邀请到公益律师。你不是环境公益诉讼提起的主体，没有关系，中国绿发会等机构这几年已经与很多有原告资质的环保组织达成了默契的合作关系。你需要媒体报道而找不到媒体，没有关系，你只要用自己的公众号持续播报，媒体就会追踪而来。

对于一个想发起环境公益诉讼的人来说，他最需要做的是两个，一是持续的现场调研，给出足以让盟友们参与进来的可信证据。二是持续收集相关的书面证据，让自己和团队越来越有信心。然后，在开庭的时候，你可以去旁听围观，也可以把自己的前期调查费用纳入公益诉讼的请求里，申请法庭主持公道。

八、专门研究环境影响评价报告的漏洞

在环境影响评价的管理程序和工作程序中总会出现漏洞。原因不在于法律条款不严格。有环境评价资质的机构，就如一家公司，需要通过开展环评项目来养活团队。而需要环境评价的企业，往往只想走过场，因此，在委托环评公司完成环境影响评价报告时，完全是一副资助人、购买者、雇用者的气派。在这种严重不平衡的合作关系里，根本没有独立的、客观的、冷静的、严格的立场。这，才是环境影响评价程序中的漏洞的原因所在。当然，这也就给了绿野守护人极好的工作方向，如果你想研究环境评价的漏洞，帮助解析和穿透，那么你随时可以组织团队，针对那些大型的风光无限的项目从环评入手，直接调查、揭露。

九、关注剧毒、高毒农药等造成的食品安全威胁

很多人一直在分辨"安全生产监督"与"环境保护"的区别，有一个说法是，企业围墙里的事，是属于安全生产监管部门的事，企业围墙外的事，才是环境保护的事。换句话说，企业把污染堆放在自己院子里，企业的生产过程严重伤害了工人的健康，那是企业和工人自己愿打愿挨的事，环境保护机构和人员不得随意插手介入。只有企业把污染排向了空中，流出了墙外，埋到了他人的地里，绿野守护人才可以行为。

这是故意混淆，其实污染无边界，企业里的工人，往往受污染损伤最严重，最需要关心和救助。同样的道理，吃到嘴里的粮食、喝到肚里的

水，也可能是污染的后果，尤其是剧毒农药、抗生素、过量化肥对人生命的损伤，对自然界生态系统和野生动植物的危害，都需要专门的团队去调查、揭露，去呼吁减少使用农药，去阻止更多的伤害发生。据说有几个绿野守护人，正在筹备"王者农药"调查队，期待他们的高光表现。

十、一起建设生态村

绿野守护行动最近特别参与了一个综合发展的业务，叫生态村建设。村庄是一个立体而多元的空间，需要从生态保护介入的地方非常多。有的地方可能是垃圾问题，有的地方可能是污水问题，有的地方可能是山体破坏、河道伤害的问题，有的地方可能是企业污染，有的地方可能是农药泛滥。有一批人愿意用整体推进、综合改良的思维，来进行绿野守护工作，也可以说是非常好的尝试与推广。世间万事无定法，只有去做了才会开出经验之花，结成经验之果。绿野守护行动也特别愿意支持生态村的建设者，一起研究以生态保护为切入点之后，生态村综合发展的需求和可能的解决方案。如果你也有这份决心，可以参与到"共建中国生态"的工作潮流中来。

对比一下"绿野观察员"与"绿野守护人"在行为方式上的区别，我们就明白了，绿野观察员只是环保小白的入门课，就如报名参军后还在新兵营里进行基本动作操练的士兵；而绿野守护行动的直接参与人和践行者，则已经是上了战场接受炮火与硝烟考验的勇敢战士。我们无法预知你会成为什么样的人，但不管你做出的选择是什么，我们都愿意全力支持你的选择，帮助你完成你这个阶段的生命理想。

遇上这些垃圾，你可以怎么办？

文/青朴公益

垃圾处理是当前中国的公共难题。我们每天都会制造垃圾，如果没有建立环保可持续的垃圾管理体系，那么由垃圾所引发的环境问题将会一直缠绕着我们，直接或间接地影响到我们每一个人。

全国多地在推行垃圾分类，垃圾问题的解决不仅需要政府自上而下的规划，也更需要我们每个人的积极参与。

简单地说，"垃圾"是我们丢弃的东西，与我们的生活息息相关，那么我们在日常生活中如何参与垃圾问题的解决呢？

1. 从垃圾的源头分类

在家做垃圾分类。

第一步：将有害垃圾（过期药品、荧光灯管、电池、油漆桶等）与其他垃圾分开。

第二步：将厨余垃圾与干垃圾分开。

第三步：将可回收的纸、塑料、玻璃等垃圾分出来，集中卖给再生资源回收公司，或送给小区的环卫工人，由他们去处理。

2. 积极举报散、乱、污

如果你发现身边有垃圾堆、露天焚烧或小焚烧炉，首先可向当地的环卫部门/综合行政执法局等部门进行举报。然后针对露天焚烧的情况（包括小焚烧炉的焚烧），致电 12369 或在 12369 微信公众号平台上进行举报（废气问题）。举报的全过程建议用新媒体记录与传播，以便更好地监督跟进，带动更多人参与。

目前，我国至少每个县，都设有一个垃圾填埋场。也就是说，全国三千多个县，至少有三千多个垃圾填埋场。

那么垃圾填埋场到底有哪些危害呢？

（1）污液流入农田、池塘、树林、河流等环境时，会破坏环境原有的生态面貌；

（2）塑料废屑容易被风雨冲到其他地方；

（3）填埋场的味道让人难以呼吸；

（4）容易滋生沼气而引发火灾；

（5）衍生的苍蝇、蚊子会让周边生活的人非常不舒服，而且可能会传播感染疾病。

若遇上这样的情况，应积极向当地生态环境保护部门举报，并鼓励更多的人共同参与，且把举报的过程以新媒体的方式记录传播，跟踪问题解决的进程，保障整个事件在透明公正的条件下开展。如果你跟进时停滞不顺，也可以向环保组织工作人员咨询求助。在这个过程中，需要保持一个良好的心态，要特别注意收集、记录、保存有效证据。

假如你遇到的是一个尚未开工建设的"垃圾焚烧厂"，或借以"新能源公司""绿色电力公司"等名头来遮掩，挂羊头卖狗肉，采用直接焚烧的方式来处理当地所生产的垃圾，可能会遇到以下几种情况。

（1）这种尚未开工的垃圾焚烧厂，最大的危害就是其可能具有欺骗性。他们审批与建设的流程往往信息不透明。建设成功后，公示的数据也可能已经窜改或调制。

（2）对方有可能会动用各种手段来威胁、恐吓关注此事的公众。

面对这样的案例，需要做的是积极关注这个案例的环境影响评价、建设用地许可等有关的许可信息。

那么获取这些信息的途径有哪些呢？

① 网上信息检索。例如，可在环保局官网中查询环评报告。

② 向相关部门申请信息公开。

③ 直接上门拜访政府相关部门，逐一核实这些行政许可的真实性、有效性。

注意：在所有行动的过程中，团结就是力量，可以联合环保组织、专家、律师、新闻媒体，达成全过程透明、开放、无缝、互信的合作。

假如你遭遇的是一个已经建设好并已开始运营的"垃圾焚烧厂"，就一定要对它们每天排放的烟气进行监测，空气质量监测的信息可找生态环境局申请到。周边受害群众或潜在污染受害者可与环保组织、媒体、律师、垃圾处理相关专家会聚，形成工作小组。

注意：所有的过程可根据实际情况进行传播和记录，并实时掌握、记录有效证据。

所有与生态环境污染有关的案例，都可从以下四个方面开始进行调查：

（1）涉事企业在建设和运营中的所有行政许可文件；

（2）涉事企业的生产工艺和全过程的污染物排放记录；

（3）当地公众的环境正义维权历史和事实；

（4）当地生态环境遭遇污染的实况调查情况与实时独立监测数据。

假如你想组织"捡垃圾"活动，你需要做以下四件事：

（1）先初步调查一下所捡区域的垃圾分布情况，不管是道路的还是河流的，不管是山上的还是海洋的，不管是有名的景区还是无名的荒野；

（2）以个人或环保志愿群体的名义发布招募文章，详细列好参与活动的时间、地点、目标、集合方式、参与要求等，方便更多的人报名参与；

（3）面向公众举办"捡垃圾"活动的同时，也可邀请媒体和当地政府部门共同参与，从而引发人们的思考，我们的垃圾应该何处去？

（4）仔细分析以上或可遭遇的状态，一旦关注垃圾问题，或协助政府解决久拖不决的垃圾处理难题，需行动起来并做好记录与新媒体传播，需保障自己的行动透明和可追溯性；尝试向外界寻求更多的帮助，联系相关环保组织、律师、媒体等媒介，多维度、专业、合法地维护权益。

农村垃圾分类：北京"兴寿模式"1.0版

文/唐莹莹

北京市昌平区兴寿镇人民政府深入贯彻落实党的十九大精神，以习近平新时代中国特色社会主义思想为指导，以乡村振兴战略作为总抓手，全面推进乡村生态文明建设，扎实做好乡村垃圾治理工作。

兴寿镇从2016年开始在辛庄村探索农村垃圾分类的技术和方法，形成了一套接地气、可操作、易推广的农村垃圾分类的技术和方法，目前已经在全镇20个村得到有效的推广。垃圾减量达到60%左右，村民参与率、知晓率达到95%，正确投放率达到80%以上，初步形成了一套农村垃圾分类的"兴寿模式"。兴寿镇积极整合了每个村庄的巾帼志愿者、志愿服务队等志愿者队伍，为乡村振兴战略的实施奠定了良好的群众基础。

目前，兴寿镇正在从垃圾治理一步步走向生态乡村建设，努力打造一批"垃圾不落地、污水不入土、田园无污染、产业有链条、治理有体系"的零废弃乡村，为乡村振兴战略的实施，探索一套落地方案。

兴寿镇垃圾分类：从辛庄村开始，以点带面推广。兴寿镇从每个家庭的垃圾开始，使乡村振兴战略踏踏实实地在这片土地上落地实施。这里的人们发现，这是改变乡村最有效的方式之一。让我们一起来回顾兴寿镇的这场接地气的垃圾革命是如何一步步走到今天的（见表一）。

表一　兴寿镇 20 个村庄垃圾分类启动时间

序号	村庄名称	启动时间	序号	村庄名称	启动时间
1	辛　庄	2016.06.09	11	西　营	2019.07.03
2	桃　林	2016.11.07	12	象　房	2019.08.02
3	下　苑	2017.11.12	13	上西市	2019.08.09
4	上　苑	2018.04.09	14	西新城	2019.09.12
5	桃峪口	2018.06.06	15	秦　城	2019.09.20
6	秦家屯	2018.08.30	16	东　庄	2019.09.27
7	暴峪泉	2019.05.15	17	肖　村	2019.10.18
8	麦　庄	2019.05.17	18	东　营	2019.10.21
9	东新城	2019.06.03	19	香　屯	2019.10.25
10	沙　坨	2019.06.14	20	兴　寿	2019.10.26

一、"兴寿模式"的六个基本要素

（1）党建引领，多元共治。

（2）撤点建站，垃圾不落地。

（3）两桶两箱分类，定时定点回收。

（4）净塑环保，源头减量。

（5）培育本地志愿者队伍，建立长效机制。

（6）因地制宜，创新资源化处理方式。

垃圾分类工作有规律可循，有可以复制推广的部分。当然，这些要素会随着实践的发展不断修改完善，与"实"俱进。

二、"兴寿模式"的要素之一：党建引领，多元共治

党建引领不是一句空话。垃圾分类涉及的部门非常多，涉及的利益相关方也非常复杂，仅仅由一个或者两个部门来负责，有很多工作是无法协调、也无法落实的，必须由一把手来负责。

2019 年 11 月，北京市委常委会会议就明确规定"将垃圾分类作为一

把手工程来抓"。垃圾分类其实是一场生活方式的革命，不仅要想办法调动全民参与的积极性，推进垃圾分类知识进单位、进社区、进课堂，促进居民习惯养成，而且要建好垃圾处理设施，提升末端处理能力，还要解决混装混运问题，以及规范再生资源回收体系，等等。所以这项工作必须作为"一把手"工程来抓，同时一定要成立专门的工作小组，分工合作，形成工作合力。

兴寿镇党委建立"一把手"负责制，并强化村党组织引领示范作用。同时，兴寿镇积极引入专业的环保机构——北京泽乡惠众生态环境科学研究院，为垃圾分类在全镇的推广提供专业的指导。党组织、清运企业、社会组织和本地志愿者共同参与，以行动带动行动，用群众指导群众，形成多元共治的乡村垃圾治理格局。

在分类工作启动前，由专业组织对村"两委"干部、村民、保洁员分批分次进行专项培训；分类工作启动后，由村民组成的志愿者入村与村"两委"干部一起，协助村级保洁员，面对面对村民家庭垃圾分类进行宣传指导，进一步提高村民的知晓率、参与率和正确投放率。

兴寿镇政府委托专业的社会组织作为技术指导方，为村民开展垃圾分类培训，为村庄培育本地志愿者队伍。在推广过程中不断完善农村垃圾治理的各个环节，为村庄建立了有效的考核制度和科学的管理办法，并建立了垃圾分类数据库。

三、"兴寿模式"的要素之二：撤点建站，垃圾不落地

兴寿镇垃圾分类在每个村庄的第一步，就是撤点建站。撤销全村的所有垃圾点，选址建设一个村级垃圾分类站，用于集中放置每天收集回来的分类垃圾桶以及可回收物的二次分拣和存放。

撤销村里的垃圾点之后，全村实行垃圾不落地，垃圾定时定点上门回收。村民不再向外倾倒垃圾，在家做好垃圾分类，每天环卫车放着音乐，环卫工人按照固定时间上门分类收集、分类运输到村级垃圾分类站，再由镇环卫中心车辆分类清运到阿苏卫生活垃圾处理厂进行分类处理。

四、"兴寿模式"的要素之三：两桶两箱分类，定时定点回收

兴寿镇推行"两桶两箱"分类法。拆除镇域内村级垃圾房，撤销垃圾大箱，为村民发放两个垃圾桶（厨余垃圾桶、其他垃圾桶），村民自家准备两个纸箱（可回收物箱、有毒有害箱），依据"两桶两箱分类法"在家自行做好分类，村级环卫三轮车到家门口之后，按照"桶对桶、箱对箱"的方式分类投放。

这是在兴寿镇人人都要知晓的工作流程和收运体系：①户分类：垃圾不落地、在家分好类；②村收集：定时定点、循环收集；③镇运输：分类运输；④区处理：分类处理。

五、"兴寿模式"的要素之四：净塑环保，源头减量

如何在源头减量？我们倡导村民拒绝使用一次性物品，少用塑料袋，出门带"五宝"（水杯、筷子、饭盒、手绢、环保袋），减少购买，循环使用已有物品。我们倡导二手交换，建立村庄二手交换线上和线下社群，并推动旧物改造、环保市集、自带容器打酱油等。

对村民来说，源头减量其实不太容易做到。分类的习惯养成，还比较容易做到，但是减少塑料袋的使用，减少不必要的购买等源头减量的行为，其实是比分类更难的。尽管如此，兴寿镇从做分类宣传的第一天开始，就同步宣传源头减量的理念。我们通过各种形式不断倡导，积极营造一个建设零废弃乡村的氛围。

六、"兴寿模式"的要素之五：培育本地志愿者队伍，建立长效机制

垃圾分类要坚持下去，必须建立一个可持续运作的垃圾管理体系。而在这样一个可持续的体系中，人和制度是两个最重要的因素。

专业环保组织在这方面发挥了积极作用。我们协助兴寿镇政府，积极整合每个村庄的巾帼志愿者、志愿服务队等志愿者队伍，这支队伍在垃圾分类的宣传动员和持续管理中起到了不可替代的作用。他们都是本村村民，成为环保志愿者之后，对家乡的归属感和垃圾分类的成就感，是油然而生的。

衡量垃圾分类的效果，要看分出来的厨余垃圾和可回收物的量有多少，更要看进入焚烧、填埋等后端处理设施的垃圾量是否减少。兴寿镇建立了各村的称重计量制度，保洁员每日都要对回收的各类垃圾进行称重并记录，每月上报镇环卫中心。需要强调的是，垃圾分类要走向规范化道路，台账制度是一定要建立的。无论是村一级还是镇一级，都要对相关数据进行认真的记录并且定期进行分析，为将来不断完善各项措施奠定科学的基础。

七、"兴寿模式"的要素之六：因地制宜，创新资源化处理方式

基于兴寿镇农业大镇的实际情况，镇域内的大量农业废弃物（草莓秧、树枝、秸秆）需资源化处理。为了变废为宝达到减量化、资源化、无害化的目标，兴寿镇积极探索，对镇域农业废弃物和落果集中收集，粉碎后与厨余垃圾、中药渣、矿物质和自制菌种搅拌后，经露天有氧高温发酵成肥，使农业废弃物得到有效的利用；厨余不出镇，减轻昌平区垃圾分类后端处理压力；成熟肥料可用于土壤改良、果树种植，减少化肥农药的使用。

另外，教会村民用果皮菜叶制作环保酵素，变废为宝。环保酵素可以有效破解垃圾分类难题。①垃圾减量：方法简单经济、人人可学可做、厨余规模减量。②再利用：可应用到居家环境、个人健康、花草养护、农业种植，以及垃圾中转站和公厕异味处理、城乡污水处理等方面。③可持续：村民由"要我分"变为"我要分"，推动酵素产业链条的形成。

兴寿镇这几年的数据变化，呈现"一升一降"的趋势。

第一，厨余垃圾分出量明显增加。2019年10月底，垃圾分类在全镇20个村全部覆盖。2019年全年厨余垃圾分出1100吨，比2018年增加400多吨。

并使 3300 多吨农业废弃物得到资源化处理，制作成堆肥还田使用。厨余垃圾与农业废弃物的就地、协同处置，是兴寿镇垃圾分类探索的一大特色。

第二，其他垃圾减量明显。2016 年、2017 年只有一两个村开展垃圾分类的时候，我们看到垃圾减量效果还没有出来，甚至总量在上升，因为当时很多村在做准备工作，主要是清理了村庄里的陈年垃圾，所以我们看到其他垃圾量增多了，每个季度从 4000 多吨到 6000 多吨不等。到了 2019 年，有一个明显的变化，就是第三和第四季度其他垃圾的量减少得很明显，第四季度只有 3000 多吨；到了 2020 年第一季度，下降到 2000 多吨。2019 年全年其他垃圾比 2018 年减少 5000 余吨。这意味着，兴寿镇开展垃圾分类工作以来，垃圾减量成效显著。

八、"兴寿模式"的主要成效

2019 年中央提出，要抓好农村人居环境整治三年行动。全面开展以农村垃圾污水治理、厕所革命和村容村貌提升为重点的农村人居环境整治，确保到 2020 年实现农村人居环境阶段性明显改善，村庄环境基本干净整洁有序。兴寿镇自 2016 年开展垃圾分类工作以来，村民知晓率、参与率达到 95% 以上，正确投放率达到 80% 以上，垃圾减量达到 60% 左右，有效地实现了垃圾的减量化、资源化和无害化，取得了良好的环境效益和社会效益。

1. 环境效益

公共垃圾桶（站、箱）的撤销，实行垃圾不落地，让全镇的面貌在短时间内焕然一新，改变了过去"垃圾遍地、污水横流"的状况。

现在你再来兴寿镇，会发现苍蝇蚊子变少了，鲜花绿树变多了；亲人朋友来了，游客住客来了；街道干净了，村里热闹了……乡村干净了，人就来了；人来了，乡村就活了。住在这里的人，充满了幸福感、自豪感和归属感。

2. 社会效益

兴寿镇在实践探索的过程中，不断总结经验，撰写调研报告、积极与各级政府部门沟通协调，回应国家需求、推动政策变革，有意识地去影响和推动国家政策的改革。全国各地前来参观学习的各级政府、企业、社会组织和个人络绎不绝，新华社、中央电视台、北京电视台、昌平电视台、《中国青年报》《中国新闻周刊》《中国志愿》等多家媒体对兴寿镇垃圾分类进行过宣传报道。

2017 年 1 月 6 日调研报告《昌平区兴寿镇辛庄村：农村垃圾治理的实践和思考》，发表在北京市人大常委会《人大信息》2017 年第 1 期。

2018 年 3 月，昌平区政府发布《关于开展"实施乡村振兴战略推进美丽乡村建设"专项行动（2017—2020 年）的实施方案》，方案明确提出：在全区农村全面推广兴寿镇辛庄村垃圾分类处理模式，以镇街为单位开展"垃圾不落地"和"垃圾细分类"工程。

2018 年 8 月 20 日，调研报告《以垃圾治理助力美丽乡村建设——北京昌平兴寿镇的做法和启示》，发表在北京市委研究室《决策参考》第 50 期，报市委书记、副书记、市委常委、副市长、市人大常委会主任、市政协主席等主要领导审阅。

兴寿镇的成功探索，给全国垃圾分类树立了一个榜样，全国各地来学习的机构和个人络绎不绝。2018 年 3 月 12、13 日，北京泽乡惠众生态环境科学研究院和辛庄村委会联合举办了"美好家园·垃圾分类培训班"，来自北京、天津、河北、内蒙古、辽宁、四川、新疆、陕西、山东、江苏、福建、浙江、广西、广东等 14 个省（自治区、直辖市）的近 100 名环保人士共同学习。

九、兴寿精神：不是有希望才去做，而是做了才有希望

社会问题，从来都需要有人去面对。为了给孩子们留下一个干净的地球，兴寿镇正在直面未来。

兴寿镇人民政府正在联合多方社会力量，共商共建、共治共享。乡村垃圾分类，从前端分类到后端处理，兴寿镇一点点探索、一点点积累经验，希望可以为农村垃圾治理探索出一种可复制的模式，为乡村振兴战略贡献一个可操作的落地方案。

我们普通人，可以自己测量依存的环境质量

文/周礼经

有个读者，很焦虑地在我们公众号后台留言，说他担心自己家里有辐射。

我们也担忧起来，是什么辐射呢？

电磁辐射？还是核辐射？还是电离辐射？

他说他不知道，他只是听一个人讲了故事，他就害怕起来了。

故事是这样的：某市有一家钢管厂，为了探照钢管有没有裂缝，就需要用到射线。而钴就是最好的射线源。为此，这家工厂买了很多钴。为了怕辐射泄漏，就用厚厚的铅皮将它们包起来，保证钴射线穿透不了。很多年后，这家工厂倒闭了，废旧钢材和金属就被当成废品卖掉了。这些保护着钴的铅箱子，也被当成废品卖掉了。铅最大的可能，是进了熔化再冶炼的铅工厂。这样，包在铅里的钴，也有可能一起被熔化掉了，然后，随着生产出来的各种铅皮，进入社会大流通。

这个故事像是编造的小说，但小说也有小说的吓人处。世间多少鬼故事，都是小说的化身。这位伙伴听了这个"恐怖环境小说"之后，就疑神疑鬼起来，他立马就觉得，自己居住的家里，自己所到之处，到处都有辐射，有污染，有噪声，有重金属，有毒药，有各种各样的"致命杀手"。

我们说，解除疑惑的最好办法，就是自己买一些简易的、便携式的环境因素检测仪，开始检测起来。

他又说，我能够测什么呢？

我们说，其实，你什么都可以测，只是有些可以用自媒体直接公布；有些，不太好直接公布，需要报告给政府。具体该怎么公布，可以自学相关法律。

除了温度、湿度、pH 值、甲醛这些常用环境指标之外，我们可以测得更多。以甲醛为例，车内、室内、柜子内都需要检测。以下是我们从网上搜索到的人们可以自己检测的环境因素，以及相关的检测设备。

1. 噪声

如果你觉得你所在的生活环境噪声很大，你可以购买分贝仪，来检测。看是否超出生活环境的噪声标准。

2. 空气质量

便携式的空气质量检测仪，非常常见，你如果不想自己购买，可以找人一起拼单，或者租来一用。环境空气质量，国家是有标准的，你只需要对照就行。

3. 水质量

水质量分为两种，一是自来水的质量，你可以对照自来水的国家标准进行检测。二是地表水、地下水的质量，你可以取样进行检测，同样有国家标准可对照。检测水的设备稍微有一点儿贵，几万元是要的。因此，个人如果不愿意购置，可以找购置了的环保组织，或者送到有资质的企业或者研究所去。

4. 重金属

粮食、蔬菜、食品、化妆品、玩具，这些与人直接接触的物品，都有重金属的含量限值，可采样后用重金属检测仪等检测。生长农作物的土壤，也一样有重金属含量限值，可以采样去检测。

5. 辐射

很多人关心电磁辐射，可以去购买电磁辐射检测仪检测，网上随时可下单。核辐射的，也一样有相关的检测仪器和原理。当然，如果自己不愿意出钱又不愿意动手，那么，就只能找愿意出钱、愿意动手且有设备的人来操持了。

6. 臭味

这个和空气有关，又不是特别相关，因此单独列出来。有些可用硫化氢检测仪，有些可用二氧化硫检测仪，有些，则可能没法定向检测，只能采用空气质量来含混测之了事。当然，理论上说，空气里的所有元素，都是可以进行分析检测的，只是有些公众可随时自测，有些则需要委托专业的检测单位花重金检测，比如，空气里的二噁英含量，现在公众就不容易检测得出来，只能找相关有资质的单位。

当前的社会，只要你愿意检测身边的环境质量，基本上不存在什么障碍。你可以自己买仪器测，以便初步了解。然后再定向委托商业检测机构检测，以便获得确凿证据。当然也可以启用实验室、研究所、事业单位里的仪器来检测，这就看每个人的通天本领了。

我们践行"1 + 1 工作法",你也参考呗

文/周藏经

昨天晚上,我们四个小伙伴,又爬到山顶看月亮去了。奶奶说,当我们没什么主心骨的时候,就要去看月亮。而看月亮最好的地方,就是东边那座山的山顶。

奶奶从来没离开过我们这个村子,她眼中最高的山,就是东山、南山、北山、西山。她和爷爷是在东山上认识的,东山的月亮在她眼里,一直比西山的要亮得多,要灵得多,要让人感动得多。奶奶说,东山上有月亮,是因为东山上有狼。有狼的地方,才会有品相好的月亮。

我们要去找月亮,是因为我们想不开。我们想不开的原因,是有人指责我们,说我们工作绩效不好,说我们成天嚷嚷做环保做公益,实际上却没有产出。你看人家卖货的,一天卖出 2 亿多元。你看人家挖山的,一天挖出几千米。你看人家做饭的,一天做出几百桌。你看人家赚钱的,一天挣上几百万元。你看人家救人的,一天救起几百人……

而我们这几个小伙伴,说是发心要做公益,要保护祖国的大好河山,要拯救濒危物种,要治理环境污染,要建设零污染家乡,但社会上的人,根本看不出我们的成果和产出。成天只看到我们在玩耍,在笑闹,在生活,在写写文章。

所以我们带上了西山最纯净的泉水，南山最艳丽的鲜花，北山最芳香的青草，从傍晚起，就去攀登大山，一直攀登到东山的山顶，去看看山顶的月亮，请月亮给我们一些启发。

无论在什么样的天气，只要你上到东山，一定能看到月亮。无论你什么时候来看月亮，它一定悬挂在东山顶上。

月亮给了我们答案。它说，这世间的工作统计方式，有两种，一种叫成果，一种叫动作。如果你无法拥有成果，那么，你就要拥有动作。所谓的动作，就比如你向空中打拳，你打了一天，可能一个人也没打中，但你一天计数下来，动作量是非常大的。所谓的成果，就是你向空中打拳，打了一天，居然不小心打中了一只飞鸟、一朵白云。计功的人们，会认为你打中白云和飞鸟，是你的成果。

有动作才有成果。有动作，未必有成果。成果无法计量时，可以来计量动作。

依据月亮给我们的启示，我们决定，启用"1+1工作法"。

每个月，我们做大量的动作，比如，每天都要关注一个新的案例。关注每一个新案例都要至少发出一篇倡导文章，结合文章的倡导我们要进行数据挖掘、现场调研、法律研习、团队联动等。如果这样的话，我们每个月就可以关注30个左右的案例。

第一个"1"，从动作方面来保障我们的"产出达标"。东山上的月亮都那么说了，有动作，未必有成果，但要想有成果，必须有足够的动作。

第二个"1"，从结果方面来反推动作。我们每个月的30个案例，不可能是平铺直叙、随意而为的，中间一定要有一个案例，成为这个月的主案例。拿筹款来打比方，我们一个月可帮助30个人发起筹款运作，但筹集到多少我们都不做预期和要求，但其中至少有一个特别赶点的人，我们要帮助他实现一个小目标，比如帮助他筹集20万元。同样的道理，我们的案例也是，30个案例都可能未必马上获得理想的倡导效果，那么，至少要有一个案例，经过我们的强攻和奋发，一定要达到理想的倡导结果。

这就是动作+结果、数量+质量的"1+1工作法"。这样的工作法，既保证了动作能够统计为绩效，又保证了结果能够让绩效更耀眼。这样的工作法，既保障了每天的工作激情，又保障了每月的重点突破。这样的工作法，既让统计的人无话可说，也让我们自己内心自在。

我们生态健康行动组，准备全面启用这样的"1+1工作法"。如果您也愿意，可以自由地拿去应用。

生态公益诉讼，那些诱人的想象空间

文/周易经

　　"公益诉讼"其实是一个广泛的概念，不仅仅适用于环境保护、生态保护方面。基本上只要是有利于公共利益的，其实都可以开展公益诉讼。

　　刑事诉讼案件里，所有检察院提起的诉讼，都被称为"公诉"，本来也是代表公众提起诉讼的意味。

　　"消费者保护法"里，也有很多维护消费者权益的公益诉讼。而"民事诉讼法"里，也支持公众为了公共利益而开展公益诉讼。这"公益利益"四个字压下来，涉及的面就很宽广了，完全看法院接不接单的意思。

　　可能是受刑事案件风气的影响，或者是受政府的一些指示，当前，检察院提起环境公益诉讼，成为潮流。民间公益组织提起的公益诉讼数量远远不及检察院代表政府和人民提起的环境公益诉讼的数量。

　　所以，这几年，民间公益组织有一点着慌，如果这样下去，是不是有可能被检察院和法院联手排挤出环境公益诉讼的业务链？

　　生态健康行动组最近作了一些小型的专题研究，觉得在生态公益诉讼方面，民间公益组织可以有以下一些作为。

一、在倡导方面多下功夫

对于民间公益组织而言，诉讼不是为了诉讼，要赔偿也不是为了要赔偿，要修复也不是为了要修复，而是借案说法，借案倡导，推进当前仍旧广泛存在的环境伤害问题的背后冰体的逐步化冻，背后难题的逐步解决。因此，倡导，才是民间环保公益组织的价值所在。如果民间环保公益组织起诉了大量的案例，却没有起到倡导和发动社会力量的作用，那么，这些起诉，最多只有积累经验的小价值，却丧失了宝贵的倡导机遇。

二、与其他倡导手段匹配，综合运用，组合联动

如果以倡导的视角来看，法律只是推进倡导的一个工具，不可能是终极手段，更不可能是唯一手段。这对那些长期习惯于做环保案件的专门机构，提出了一些挑战，也给出了启示。如果把法律方面的起诉当成了倡导的唯一手段，必然会陷入一招之后无所作为的困境。唯有与其他各种各样的倡导手段全面配合，组合出动，才可能起到法律上的一点点的作用。这也是民间公益组织与检察院起诉最大的不同点。

三、在环境公益诉讼之外，多在生态公益诉讼上有所作为

此前大量的公益诉讼，普遍局限于环境污染的立场，却忽略了生态破坏、野生动物杀戮、荒野退化、生态业绩不足等都是可以开展诉讼的。2013 年修订的《中华人民共和国环境保护法》，已经在生态诉讼方面有了一些伏笔。同时，针对政府某些工作人员和企业的不作为、乱许可的现象，也可以开展行政公益诉讼。如果一个地区的生态持续恶化，那么这个地区的主政长官，也可以被民间生态环保公益组织送上法庭。这估计是检察院型的环境公益诉讼所不可能有所触及的。

四、个人也可以开展环境公益诉讼

很多人以为环境公益诉讼必须是组织体的行为，其实作为公民，也可以去起诉生态破坏。当然如果太过惧怕，也可以个人发起后找民间公益环保组织帮助挂靠和认领。

五、公益组织可以联合起诉

孤军奋战是一种很好的方式，联合出击也有很大的拓展空间。这种联合，可以是成为共同原告，平行站位；也可以是一些人负责调查，一些人负责上法庭；还可以是一些人在暗处当智囊，一些人在明处当镜像。

六、律师和专家可以来源多样

以前我们只依赖于环境法专业律师，但实际上，越是其他领域的律师越有想象力和自由发挥空间，越有新的视角和锐度。因此，律师本身要敢于与其他的"陌生律师"相组合。专家也是如此，过去的专家都来自正规的院校或者研究所，但很多精致的利己主义者，遇上公益的事业缺乏担当精神，缺乏道义和勇气，因此，这些人很难成为环境正义的可靠证词提供者。然而，持续在民间某些生态环境保护领域有所作为的土专家、爱好型的博士、社会研究员，应当也可以成为专家组有效的成员，他们的证词更有力度。

我们的研究成果就是以上6条，希望这6条成果能够对您今后开展生态环境诉讼工作有所助益。

中国野生动物的 6 大致命杀手，里面有你吗？

文/周易经

2020 年 2 月 28 日，辽宁辽阳太子河发生毒杀赤麻鸭、绿头鸭、喜鹊、乌鸦的事件。辽宁的野生动物保护志愿者现场调查举报，并发出了请求和提醒。

一次又一次的残酷真相提醒社会公众，吃野生动物就是吃毒药。毒死野生动物就是给人类下毒。从《中华人民共和国刑法》上说，这就是投毒罪，就是危害公共安全罪。

我们"生态健康行动组"坚决地认为，要想对中国野生动物的"致命杀手"进行清理，把那些全国野生动物保护部门，重新激活，是非常关键的。必要的话，要来一次全面的整顿，把不合格者、不出力者，全面清退。

这些不作为的工作人员，目前主要潜伏在国家林草系统，全国森林公安系统；农业部渔政系统，自然资源部督察系统。更包括公安、检察院、法院系统。杀害野生动物，就是投毒，就是危害公共安全，就是谋杀人类。

在中国，每天都有野外生命和人类大难临头。

我们生态健康行动组，极为弱小，刚刚成立，人力单薄，团队的小伙伴非常年轻，二十出头。

但我们真的想做点事儿。因为我们坐不住了。

我们决定鲁莽地发起——"致命杀手面对面"全国大型清理活动。

"致命杀手",是指遍布在中国大地上的,每天都在上演的,各种"夺命连环杀"。

第一致命杀手,叫兽夹

是的,所有乡村集市都有卖的那种兽夹,所有猎人都布设过的那种兽夹。

这种兽夹,极小的可以夹死云雀,普通的可以夹倒兔子,大的可以夹死野猪。要是人碰上了,如果没有旁人及时解救,也一样夹死不赦。

中国的猎人们在山上布设了多少兽夹?没有人知道。估计中国野生动物协会的人更不知道。

反正你只要到中国的乡村集市上赶集,一定都能买到。

它是致命凶器,完全对得上《中华人民共和国刑法》的"危害公共安全罪",但是没有人管需要我们去清查。

第二致命杀手,叫捕鸟网迷魂阵

在水中,叫迷魂阵;在空中,叫捕鸟网。

中国的山东和安徽,有几个县,是以生产捕鸟网具为支柱产业的。

中国所有的乡村集市上,也都可以买到捕鸟网、捕鱼网。通过网购,更是便利。一张捕鸟网,几块钱,十几块钱,只要网到一只斑鸠,成本就回来了。

而且神奇的是,《中华人民共和国野生动物保护法》里并不限制它的生产。因此,野保志愿者取缔无门。只能遇到了再强拆。

它是致命凶器,严重危害飞行精灵的生命,让水中精灵断子绝孙;但是没有人管,从北到南全国密布,需要我们去逐一清理。

第三致命杀手，叫钢丝套

它就是一根铁线，弯成一个圆形，在任何地方都可布设。成本极低，一两毛钱，布设极快，一天可布一座山。然后，过几天，猎人组队去巡山，能收获什么就收获什么。

中国有多少这样的钢丝套？没有人知道。

四川九顶山的野生动植物之友的余家华，他知道仅九顶山里，就有至少20万以上的钢丝套。他组队拆了10多年，也才拆出10万来根。据他估算山里还有10万根，山高路险拆除艰难，只能一点点清理，没来得及清理的只能任其祸害生灵。

我们随便预测，中国至少有几千万、几亿甚至几十亿根这样的钢丝套，散布在每一座山体里。

第四致命杀手，叫电鱼机、电野猪网

电鱼机和捕捉野猪的电网原理不一样，但危险度差不多。都是用电产生高压击发，让河里的鱼虾和山上的鸟兽瞬间死亡。

电鱼机、电野猪网每年都会造成不少人死于非命。有时候，就是电鱼人自己；有时候则误害他人。让人惋惜。

中国所有的电鱼机，都是三无产品，但是市场上，它就是非常普遍。

中国几乎有点水的地方就有人电鱼，就有电鱼机在泛滥。但是没有人清理，需要我们去举报和阻止。

第五致命杀手，叫毒药

毒药下到河里，可以用来毒死鱼；下到湿地里、平地里，可以毒死鸟，毒死野鸭、天鹅、白鹤、丹顶鹤；下到山上，可以毒死野兔，野猪，马鹿等所有野生动物。

毒药往往都是用高毒甚至剧毒农药，拌到食物里，然后引诱饥饿的野生动物吞食，然后，中毒的，就被卖到市场，当成美味，卖给过年过节要庆祝的人们，引发二次中毒。这在《中华人民共和国刑法》中，可以对应上"食品投毒罪"。

但是，没有人管，需要我们组织工作人员去清理。那我们就去清理吧。

第六致命杀手，叫冷漠

人类要谋杀野生动物，方法是无穷尽的。只有我们想不到，没有人家做不到。还有玩弹弓的人，玩气枪的人，捕蛇的人，玩各种"高科技凶器"的人。

我们认为，这些都不如，一种叫冷漠的凶器，来得危险。

看到了不敢举报，举报了不敢承认，承认了不敢传播，传播了不敢坚持，这都是公民生命冷漠症的常见征兆。

我们不想冷漠，我们要用行动来温暖这世界，要用行动来阻止"致命杀手"，要用行动来阻止新的疫情。所以我们决心发出这个面向所有人的号召，我们都要成为保护生态的巨星，要用自己的生命，去和"致命杀手面对面"。

如果你愿意加入，请填写你的申请。

我们会进行分区对应。依据你所在的位置，分派相应的区域。

然后我们也会进行业务分工，依据你的意愿，可分别担任线上传播，组织筹款，活动召集，前线清理等适合的任务。

我们不分环保、野保、公益还是企业和政府，只要你愿意参与，我们都可以协助你组队，并进行基本的业务培训，安排有经验的导师全程指导和支持。

"致命杀手"不清理，《中华人民共和国野生动物保护法》修改没有意义。

"致命杀手"不清理，疫情很难不再发生。

让我们，就这样行动起来吧。哪怕清理出，你身边的一公里范围。

"键盘侠"怎么做，才能保护生态环境？

文/周易经

互联网可以说承载了一切：你在线下看不到的，在网上都可以看到；你在线下查不到的，在网上反而可以查到。

互联网是无比丰富的仓库，无比丰盛的矿藏，如果轮到"键盘侠"尤其是行动型的"键盘侠"来挖掘，能荟萃、提炼出什么样的珠光宝气呢？

生态健康行动组，为此线上拜访了几位互联网信息挖掘和追踪的"超高级"键盘专家，让他们给我们分享分享此生秘诀。

一、度娘是够用的，重要的是往里钻

很多有洁癖的人骂百度，各种愤愤不平，好像是自己从不作恶似的。很多人在嘲笑百度，说它的搜索技不如人。有的人在怀疑百度，说其他技术是被它们耍阴谋赶走的。

这些听起来都很有道理，但对我们这种活在各种局限性条件里，用廉价的手机，挂缓慢的流量，从来不会"翻墙"也不敢"翻墙"的人来说，要想获得有效信息，只要你真用百度，还真是够的。

因为信息是会在网络上沉淀的，只要你一条一条地向下翻找，各种信息碎片，都会向你靠来。

现代的社会再智能化，但你脑子里想要什么，估计电脑一时半会儿还是无法知晓的。而一个信息，开始时往往只有一个关键词，甚至一个关键词都没有，只能模糊查找，盲目搜寻。但模糊着模糊着，一点点就看清晰了。盲目着盲目着，突然间眼界就打开了，豁然开朗，势如破竹。

有一天，有个朋友在网上分享了一款神器，有摄像机，有红外感应元件，还有发射某种能量的"枪口"。它像个灵活的小机器人，可以固定在地上，对前方的野生动物进行"扫描"，然后定位，扑杀；展示这神器的人，往往会在地上放几只死去的鸟，表明它的强大功能。

对一个从来没打过猎的人来说，对一个从来不碰各种仪器设备的人来说，这东西，是什么？怎么才能查得出来呢？

肯定得用百度，一点点去搜索。用与它有关的几个关键词，颠来倒去地组合，最后，一定会找到真相。

二、线索举报不过来

工作之所以是工作，是因为它是外向的。这世界除非极隐秘的工种，否则，绝大多数工作都是自然传播的。互联网就如我们的大地，一切都可以很快找到。

在互联网上，你与信息之间，少的可能不是一个关键词，少的只是你想去搜索的决心。

政府要工作，一定要宣传自己的工作，因此，他们就会把自己的工作成果，及时地上传到互联网上。

企业要销售产品，一定要突出宣传自己的产品，当然也就要拼命地对外大传播。而且，为了传播起来有理有据，又一定会把很多看着可能没必要的信息，夹带上来。而这些有必要没必要的信息里，又藏着另外一些机密的数据和信息的线头。

现在人人都想当网红，于是就会不顾一切地录制。很多人为此不惜把自己违法犯罪的事实，直播出来，炫耀出来，自己给自己埋下了各种隐患。当然，最好玩的是，他们在埋这些隐患时，还不自知，还尽情展现，生怕遗漏什么。

有些人为了替别人宣传，也会努力把他人的故事写得尽善尽美，细节逼真，过程详细，相关人物周详，犹如一张合影，什么都在里面。因此，几乎只需要截取和保存，就可以很快获得有效的信息。信息与信息之间又是互相关联的，只要稍加比对分析，就可以得出一份很有生机的信息追踪报告。

三、"键盘侠"做到这三点，可以更好地保护生态环境

整个社会现在有一种错觉，以为在网上的人是在说空话，在线下的人才拥有实事。

却不知道，现在的社会，网络与真实已经日益合一，就如新闻报道与客观真相已经日益合一那样。

可以说，不管你是拥有手机，还是拥有电脑，都已经可以很方便地做生态环境的保护。我们生态健康行动组，还认识不少业绩出色的小伙伴，就是靠一部小手机实现的，他们是令人尊敬的举报高手、生态专家。

当然，这需要想当"键盘侠"的你，同时做到以下三件事。

一是有意识地结交各路英雄，让他们的知识和经验来帮助自己快速学习各种行业术语。尤其是深入博弈的对象，联结到"利益相关方"里的那些活跃人士。每个行业都是好客的，他们不仅在内部互相开放包容，对外来的愿意学习的人，也很喜欢培训和引导，因此，很容易就可以进入各种各样的社群里浸泡熏染。

二是一定要配备微博和公众号、抖音等工具。搜索信息是为了更准确地举报，举报是为了更好地保护生态健康，而不是为了与谁为敌，因此，只要信息足够了，证据确凿了，就要马上向执法部门举报，并及时把举报过程公示到新媒体上，帮助执法部门更好地完成任务。

三是一定要结交一批执法人员，并成为他们的业绩好帮手。在当前生态环境保护受到全民重视的时代，已经不是举报人要找执法人员，而是执

法人员在到处寻找举报人索要可靠线索。因此，此时切不可骄傲与蛮横，一定要保持谦虚与宽容，因为，执法人员也很不容易，他们要面对的业务太宽广，不像我们这般专注，因此，要成为他们的好帮手，要把成绩都归功于他们，我们默默地做线人和热心群众就好。

遇污染，直接找这些战队举报

文/扶兰人

　　这个春节，十多亿人被迫宅在家里，发挥出了无穷大的创造性。原本很难传播的，瞬间变得很好传播。原本无人关注的，突然之间有了很多人集体关注。

　　比如，空气污染，这几天经常有人打开空气质量地图，一看，"哎，怎么回事，明明工厂停工汽车停驶，人们走路都只在屋子里转圈圈，怎么空气质量还不是那么理想，不少地方甚至仍旧是重污染天气？"

　　原因很简单，用经济学的话来说，是你只看到了增量，没看到存量。

　　20 世纪 80 年代前出生的人可能都知道，中国污染最严重的时间，是从 20 世纪 80 年代，一直热烈地延续到 21 世纪的现在，到今天。当然，这四十年的时间里，污染的物质元素有变化，污染的方式有变化，污染的态度有变化，但污染本身，一直没有变化。所以污染的结果，也一直没有变化。所有这些污染，都积存在我们的生态环境中，一直难以消化和去除，所以随时随地都会挥发和弥漫。

　　而自然环境能帮助降解的天然森林、天然湿地、天然草原、天然河流，已经日益稀少。如果污染越来越多，能消化污染的越来越少，那么交还给人类身体来"吸纳"和处理的就会越来越多。

在我们生态健康行动组看来，导致疫情的原因中有两个。一是持续的环境污染，二是持续的生态破坏。环境污染方式有很多，传统的说法叫三废——废气、废水、废渣，生态破坏方式也很多，重要的也是三个：一是野生物种的大量捕捉和杀戮、采掘；二是天然生态系统的破碎化和人工化，导致天然荒野荡然无存，野生动植物的栖息地被破坏殆尽；三是野生动植物保护志愿者、野生动物保护机构，没有得到公众、政府、法律的全力支持，导致他们的作为只能局限于非常小的范围。

所以我们一直在拼命地吹哨，一直在拼命地提醒，我们很清楚，当前这样的方式若继续下去，新的疫情难免不会再来。如果我们不想再遭遇新的疫情，我们就必须人人都成为环保志愿者。

如果你想要成为我们生态健康行动组的环保志愿者，那么，你可以从三个方面开展行动。一是直接参与保护野生动物；二是直接参与零污染家乡、零废弃家庭的环保践行活动；三是直接成为环境污染的举报者、干预者、阻止者和改变者。我们今天就会发布中国最值得追随的几个团队。

很简单，公众的一切，都要靠自己。

我们这里公布的是最新的团队，是目前还在真正行动的，早年风光或者曾经浪潮上的，我们就不再列入了。一切都可违背和辜负，唯有时间之法律，谁也难以超脱。

1. 华南快反中心

公众号"环境观察"。这个团队的创始人和核心人物是著名环保人士"湖南小武哥"，现在已经是很多新生代环保志愿者的师傅。他的公众号几乎每天都在播报，他个人基本上每天都在联结各种资源，促进各种案例的解决。但神奇的是，他的团队至今仍旧很难募集到资金。但有没有资金，都挡不住他们每天干预案例，解决污染难题的步伐。

2. 无毒先锋

公众号"无毒先锋"。这个团队的创始人是著名环保人士毛达博士。在毛达博士看来，我们现在关注的很多污染，只是显性污染，更多的污染，是隐性污染，看不见，摸不着，相关部门工作人员也故意不承认，相关企业也故意不知情，某些科学家更是故意隐瞒着不说。因此，需要有一支独立的民间力量，持续地揭示和透视，让一切的真相都能够让公众知情，进而带动问题的解决。

3. 中国绿发会法律工作组

公众号"中国绿发会"，2015 年以来，中国绿发会发起了大量的环境公益诉讼，一度有望成为中国发起环境公益诉讼最多的公益组织。这些公益诉讼主要集中在环境污染领域。事实也证明，要想阻止环境污染，公益诉讼是比较理想的办法。中国绿发会法律总顾问王文勇律师，一直在为此组队忙碌。如果您有这方面的案例信源，可直接联系中国绿发会的工作人员。他们一定会出手帮助您。

4. 中国政法大学环境资源法研究中心

公众号"中国政法大学环境资源法研究所"，这个机构民间有另外一个绰号，叫"中国政法大学污染受害者援助中心"。发起人和创始人是王灿发教授。这是一个年纪超过二十岁的老牌机构。他们擅长通过精准的暗察暗访，通过持续的法律援助，帮助大量的污染受害者获得最基本的环境权益，让环境正义得以伸张。

5. 北京市丰台区源头爱好者环境研究所

这家机构这两年比较生猛，尤其是直接在现场调查案例，持续采用综合手法干预和倡导，以阻止环境污染伤害更多的人，伤害更宽广的生态方面，这家机构有不少让人荡气回肠的行动。如果你需要有人协助第一手的调研以再探讨综合的解决方案，建议可以把线索提供给他们。

6. 天津绿领

公众号"天津绿领环保"。这家天津市的本土环保组织，非常年轻，但非常有活力，一直活跃在污染防治的第一线。他们关注的重点是京津冀地区和环渤海区域。如果您在这些地盘上有环境污染和生态破坏的线索，可以随时联系他们。

以行动干预为团队生命第一原则的环境污染治理民间机构，确实为数不多。他们的困境是筹资非常不容易。如果他们明确地说出自己要去调查和阻止哪个公司、哪个部门，这个公司和这个部门，就会反过来"举报"

他们，让他们的理想提前下马。如果他们不明确说明要解决哪一个具体的污染问题，那么公众又嫌他们不够透明和真诚。更悲哀的是，公众在环境污染方面缺乏同理心，如果你关注天津的污染，那北京的公众就不会支持。如果你关注北京朝阳区的污染，北京丰台区的公众也不会支持。所以，筹款上的严重局限，导致了很多大案、难案非常不容易破解。

所以我们生态健康行动组全力呼吁，一定要珍惜这些至少还顽强地生存着、活跃着的极少数的污染防治战队。有了更多的他们勇敢地站在第一线，我们的新疫情，才可能不会再来。

中国 10 个垃圾分类探索者，无偿教你经验

文/白菁仁

在中国，垃圾分类一直是农村做得比城市好。因为农村人生态健康方面的追求高，农村占地面积相对广阔，农民的"生态含量"比较好，所以，垃圾分类在农村推进得比较容易。城市目前基本上没有太多像样的成功案例。而农村基本上只要当地村委会想做村民支持，有外来环保组织垃圾分类专家的驻地支持和持续启动基本上都能够做成。

有专家分析指出，国内疫情如此凶猛，可能与两个因素相关。

一个因素当然是全国各地都有人在捕捉和贩卖野生动物，不管是鸟类、蛇类、龟类、鱼类，还是昆虫类、蛙类，只要有可能被送上餐桌，只要有可能被当成药物，只要有可能被做成标本，只要有可能被养在牢笼中，就会有人设法捕捉和贩卖。

另一个因素就是人类的各种排泄物、废弃物没有得到及时与良好的处置。生活中，各种粪便、污水得不到良好的处理，垃圾得不到收集，更不要说分类收集了。生产中，各种企业的废水、废渣、废气，要么是毫无羞愧地排放到自然环境中，要么是偷偷摸摸地把最有毒、最难处理的埋在地里。

这些人类生产生活的废弃物，要么直接变成了"疫情"的新原因，比

如，污染的水让更多的人得病，污染的土壤让大自然丧失了生机。要么就是成了疫情最喜欢的"寄主"。研究鼠疫的专家发现，鼠疫其实不是老鼠造成的，老鼠也是鼠疫的受害者。但鼠疫的广泛传播与老鼠的"无障碍"繁殖确实有关。老鼠能够无障碍地随意繁殖，原因在于人类不处理自身排泄的垃圾，导致四处垃圾遍野，污水横流。这样的环境，恰恰是细菌、病毒最喜欢的"栖息地"。

所以，我们要想阻止未来的疫情再度发生，只有两个办法。

一是处理好我们人类自己的排泄物、废弃物，因为让地球生态受伤中毒，最终肯定是让人类自身得病和中毒。我们的空气污染已经非常好地证明了这一点。

二是处理好我们与大自然的关系，改伤害野生动物为保护野生动物，改捕捉野生动物为到自然界去研究野生动物，改与野生动物抢夺栖息地为把荒野和天然生态系统归还给他们。

如何做好垃圾分类？目前来看，唯一有效的是真正想做垃圾分类的那颗纯净之心。这几年，中国已经有不少环保组织、环保团队做出了一些典范。如果你想做垃圾分类，尤其是你的村庄想做垃圾分类，你可以去找他们求助。

一、上海

上海 2019 年启动了垃圾分类，成效如何，可随时去参观。在参观过程中，可用心参观那些有环保组织、环保志愿者在参与发动和协助的乡村、社区。

二、北京

北京说是 20 世纪 90 年代就启动了垃圾分类，2008 年奥运会时又承诺要实现一半的垃圾分类。后来他们采用和取巧的对策是"城市里有一半标识着垃圾分类的垃圾桶"，以蒙混过关。被北京厚重相待的国际奥委会，看北京确实在这方面是有口无心、有心无力、有力无能，也不再做过多的追究。

三、北京昌平区兴寿镇辛庄村

这个村庄由于有一家华德福学校，吸引了很多有志气改变中国教育从自身改变起的家长。有了这批家长的发酵和启动，2016 年，辛庄村委会全力支持这些家长的情怀，他们创意出来的"两箱两桶"分类法，目前有希望成为北京市的标准做法。持续的努力让这个村庄成为北京市有名的垃圾分类第一村。

四、湖南郴州桂阳荷叶镇莲塘村

这世间有很多人在那感叹，"我们改变得了世界，却改变不了家乡"。但有一些环保志愿者、公益行动者，却致力于欲改变世界从改变家乡做起。2019 年初，长期在外做公益的酵道孝道发起人谭宜永，回到了家乡，并在这个接近空心的村子，启动了以垃圾分类为起点的"零污染家乡"建设工作，目前成效良好。湖南一带的朋友可以去参观一下。

五、河南新乡市新乡县朗公庙镇毛庄村

这个村庄也是由环保组织引爆的。他们派出的大学生志愿者在当地做过活动之后，引发了村民的集体联想和跃跃欲试的意愿，因此，2019 年年初，这个村庄在环保志愿者的协助下，正式启动了垃圾分类和零污染村庄的实践。目前趋势很好，很有希望向周边的村庄普及推广。

六、"乡村垃圾分类"陈立雯团队

陈立雯大学毕业之后曾经在一度特别用心地倡导垃圾分类的"北京地

球村环境教育中心"工作，后来有很长一段时间，在一家行动干预型的环保组织里，探索垃圾焚烧厂的污染风险防范。到加拿大留学两年之后，她回到国内，在河北、广西、江西、浙江，都有参与和启动村庄的垃圾分类实践活动。目前这些村庄的垃圾分类工作进展都很顺利，团队发展潜力无限，国际视野非常广阔。

七、广西横县

将近 20 年前，广西横县在国际公益组织资金的支持下，基于全县开展了垃圾分类的实验。后来出版了《横县十年》，记录了这么一个过程。目前横县的垃圾分类工作还在继续，但公益组织撤出之后，效果有下降的趋势。因此从目前所有的经验来看，当地村党支部委员会和村民委员会的支持，村民的全力参与，与环保组织长期的驻地化协作，缺一不可。

八、河南平顶山大王庄村

李发珍是广西人，她嫁到河南平顶山湛河区曹镇乡邢铺村大王庄自然村后，对青山绿水的怀念和向往，让她产生了在村里启动垃圾分类的冲动。2017 年开始，她自发地个人开始做实验，进而慢慢地发动了全村。2019 年，她被生态环境部授予了"百名最佳行动者"称号。她的经验证明，"环保志愿者""环保行动者"可以在村庄内部产生，不一定非要外来的发动但肯定要依靠一些外部的能量支持。

九、江西乐平市绿色之光团队

江西景德镇市乐平市绿色之光志愿者协会，2015 年因为抗争市里工业园的废气污染而逐步酝酿成形。2016 年，协会又开始有意识地清理市里母亲河里长期堆放无人处理的垃圾坑。机构正式注册之后，在当地政府的支持下，在外来专家卢雁频的协助下，在韩家渡镇、洪岩镇陆续启动了垃圾分类试点。目前这些试点还在延续，但如何继续发展和推广，则每天都在考验着乐平市党政领导，也考验着绿色之光，更考验着乐平的所有居民。

十、山东青州大福地社区

这个社区的垃圾分类，与环保酵素的推广有很大关系。环保酵素的原料主要是每天家庭生活中废弃的果皮和菜叶等。这些"生鲜垃圾"含水量高，容易腐败，一直是垃圾分类的难题。当这些废弃物都可以随手做成环保酵素之后，家庭里负责做饭的人就顺便成了环保酵素专家。有了生鲜垃圾减量的经验，进一步尝试对所有垃圾都进行分类和资源化利用，就成了人人敢为的事业。大福地社区的经验与当地社区的积极活跃人士有关，也与外来的环保公益组织的持续引领、协助和发动有关。当然，所有的经验，最后都将来自本地人内化的可持续生活践行。

如果您的村庄想启动垃圾分类，甚至想推进零污染家乡的建设，我们生态健康行动组可以帮你联结和协助。可以随时把您的需求在后台留言给我们，我们保证会把掌握的所有线索、经验和联系方式，全都无偿地分享给您。

这个春节我们一直没有闲着，当口罩也有可能成为危险废弃物的时候，我们益发感受到了垃圾分类的必要与急迫性。放眼全国，"生态健康行动组"收集到的、把垃圾分类做得生机勃勃有滋有味的村庄和社区，还有很多。综合起来，我们发现了能做成的村庄，基本上有以下几点规律。

（1）政策和法律作为背景，村民的内在需求与渴望才是真正的行动力。村委会、村民、外来公益力量，三者缺一不可。

（2）村庄的内在力量需要外部力量的引爆与发动。如果村庄是炸药包的话，那么，外来力量就是导火索。因此，环保志愿者、环保组织要想倡导垃圾分类，必须有足够的人手在村庄里做持续的驻村服务。

（3）要想可持续发展，必须找到容易入手的方案，如果要硬做垃圾分类，那么分类方法必须极为便捷易为；如果有其他的辅助措施，比如做酵素，比如堆肥，也有利于带来喜悦和成就。

（4）全国视野下的经验交流与智慧分享非常重要。最终真正的垃圾分类大师、垃圾分类专家、垃圾分类培训师、垃圾分类咨询师、垃圾分类辅导员，都将来自已经产生经验的这些社区。

（5）女性有能力也有希望成为垃圾分类的主要推进力量。不管是在环保组织，还是在村庄实践中，"女人天生就是环保主义者"，看来很有道理。

这是中国 10 支野保团体，
阻止新疫情还要依靠他们

文/胡柏仁

环保公益组织，也是分类别的。有些叫积极行动派，有些叫消极怠工派。在有些国家，自然和户外爱好者组织，会为了保护生态环境而积极行动，进而蜕变为环保组织。而在中国，好多所谓的生态环保组织，却只会拱手相让，最终成了自然爱好者旅游俱乐部和摄影炫耀者斗图群。

这一次的全国疫情，相信一定会过去。但谁也不敢担保，未来会不会还有新疫情发生。有一点是可以肯定的，如果我们中国人"虐待自然"的行为模式不改变，一味发展经济的运营模式不改变，新的疫情很可能会在不久的将来，从被伤害的野生动物、从被污染的生态系统那里，再次突然袭击人类。2003 年的时候，很多人都说要吸取教训，但事实证明，似乎没有多少人把当时的说法放在心里，诺言就这样成了谎言。

生态健康行动组，有很高远的理想，但我们刚刚成立，因此，还不敢说自己做到了什么，未来能做成什么。所以，我们先做一个信息的集成者，把我们有幸结识的，中国目前最强大，最无畏，最坚决，最彻底的，最有行动力，最有经验的民间野保团体，逐一介绍给大家。希望更多的人，能够支持他们。

支持的方式很简单，就是三种。

第一种，很好做，就是成为他们的志愿者，把自己知情的线索提交给他们。

第二种，也很需要人手帮忙，就是给他们直接捐款，或者帮助筹款。做民间野生动物保护，最难筹集的就是行动经费，所以，非常需要有人帮助他们找到所有可能的通道，筹集更充足的资金。只要有点资金，他们就有更多的能量破获更多的案件，解救更多的野生动物，构建更好的人与野生动物之间的安全防线。

第三种，就是加入他们的战队，成为他们的新生力量。人生难得，这样的工作在一生中，一定会烙下深刻的生命印记。

前言絮絮叨叨地说完了，现在我们把中国最强大的 10 支野保天团，来逐一进行介绍。他们能就地拉网式巡护，又能远程精确打击。

让候鸟飞团队。公众号是"让候鸟飞"，属于爱德基金会的让候鸟飞专项基金。由著名媒体、公益人士邓飞于 2012 年发起，到今天有将近 8 年的历史了。这支团队一直秉持上前线直接解救野生动物，通过干预降低野生动物栖息地破坏的方式。可以说硕果累累。同时也孵化了大量的野保团队。

懿丹野保特攻队。目前还没有非常稳定的公众号，严格地说来，这支团队是让候鸟飞团队的骨干力量，2014 年，在天津的野保志愿者刘懿丹的带领下，发展得越来越强壮。他们不仅局限于在天津活动，而且可以说是打遍了全国。越是困难的案例，他们越敢去接手。这支团队的勇气和死磕精神，非常值得全国各地的野保志愿者们学习。

拯救表演动物团队。公众号是"拯救表演动物"。这支团队的发展历史也颇为长久，工作的核心目标是解救被关押在马戏团、动物园、水族馆等"动物表演场"里的各种被抓捕和驯服的野生动物，也针对个人豢养珍稀野生动物当宠物的"新兴行为"。在表演动物中，尤其是老虎、大象、猴子命运最为凄惨。在这个团队的积极努力下，中国的马戏团产业一度因为非法持有、养殖国家级保护动物的问题，而被有关部门多次严肃处理。

反盗猎重案组团队。公众号是"反盗猎重案组"。这支团队非常神奇，他们的重点是关注各种网络平台上公然进行的野生动物交易行为。中国野生动物民间、地下非法贸易的猖獗程度，可从中国的各个互联网平台上得到验证。比如，QQ 群，至少有几万个在活跃地交流和隐秘地交易。好在所有的交易都要表露出来，好在很多人会主动炫耀自己的捕捉、消费和交易行为，好在很多志愿者愿意举报，因此，反盗猎重案组收集到了非常多的线索。

反电鱼中心团队。公众号是"反电鱼联盟"。天上飞的有人大肆捕捉，水里游的更是有人拿电鱼机死命地放电。反电鱼中心据说起源于一批钓鱼爱好者，他们发现，电鱼的人出现在哪里，哪里的鱼都会死光光。因此，他们中的少数人一怒之下，开始成为鱼类的保护者。反电鱼中心开发的"江湖眼"公众举报软件，在手机端上非常好用。

东北野战军团队。东北一直也是鸟类捕捉和野生动物捕捉的重灾区。好在东北一直有一批默默地自发拯救鸟类和野生动物的野保志愿者，这些志愿者在这几年，以联合和互动的形式集结了起来，形成了一个富有活力的"东北野生动植物保护行动团队"。他们现在有一个理想，就是能够像懿丹野保特攻队那样，走到全中国需要野保志愿者的地方，破获更多的大案、难案，解救更多的野生动物。

江豚保护行动网络。公众号是"江豚保护行动网络"。中国的洞庭湖、长江干流、鄱阳湖、近海地区，都有江豚、海水江豚还在栖息。江豚在中国已经是极危物种，在长江江面、湖面上，在采沙、电鱼、迷魂阵、运输船、污水排放、垃圾倾倒持续难以控制的情况下，渔民和志愿者自发的保护行动，就显得非常重要和必要。这个 2013 年起逐步成型的"江豚保护行动网络"，把所有可能的民间有效力量都尽量聚拢到了一起，虽然做得非常艰难，但正是因为艰难，所以才越是有效。

天地自然保护团队。公众号是"天地自然保护团队"。与反盗猎重案组类似，这个团队一直在互联网上进行天然生态系统、野生动植物捕捉和交易的信息情报收集。他们总是能够得到第一手真实资料，因此，他们的保护行动有时候也做得非常富有激情，甚至有些激烈。当然，他们的存在具有非常高的价值，他们属于典型而珍贵的"野保吹哨人"。

中国绿发会穿山甲工作组。公众号是"中国绿发会"。2014 年年底，周晋峰博士出任中国生物多样性保护与绿色发展基金会秘书长，从那之后起，这家中国科协下属的国字头生态保护机构，焕发出强大的生命力。在周晋峰博士的领导下，中国绿发会不仅成立了濒危物种专项基金，致力于濒危物种的保护，而且给所有致力于民间保护的小伙伴们，颁发了证书，授予了"中华保护地主任"等头衔，帮助更多的民间环保、野保志愿者，做得更理直气壮。也正是在周博士的推进下，中国绿发会成立了穿山甲工作组，成为近几年来中国对穿山甲保护最有力量的一支团队。

让鱼儿游团队。公众号"让鱼儿游"，中国虽然一再修改"野生动植物保护法"，但是，对水生野生动物保护的力度，对两栖类爬行类的保护力度，对昆虫类的保护力度，一直没有真正地提上来。可以说，中国的本土鱼类，一是家底不清，没有几个科学家在做科学的调研，更没有几个科学家在做鱼类的保护。二是大量的野生鱼类在家底不清时，在全国无处不在的水电大坝的封锁下，在全国高密度、高频度的电鱼人的电击下，早已经灭绝。因此，让鱼儿游团队，试图给这基本上已经崩溃的水生野生动物，挽回一点点生命的尊严。

当然，我们的眼光难免有限，除了以上 10 支野保团队之外，中国本土富有行动力的野生动物保护团队还有不少，比如华北环境前线、华东环境前线、回归荒野团队、华南环境报道、萤火虫生态线等。和上面的 10 支团队一样，这些团队都是生态健康行动组的亲密伙伴，相信是可以共同做保护的盟友。

但整体来说，中国偌大一片国土，中国偌大一片海洋，能够持续而有力量地做野生动物保护的团队，真心不多。中国偌大一个"世界第二大经济体"，中国偌大一批富人成群的城镇，敢于支持这些野保天团的捐赠人，更是少得可怜。

所以，越是积极行动的，越是面临生存危机。这极少数的团队，也随时面临着因资金不足，压力过大，来自消极势力的"训诫"和报复太频繁，而随时有可能解散和停摆。

筹款秘诀

你放心大胆守护，我全力保你"粮食安全"

文/绿野守护工作组

最近因为疫情影响，有些人开始担心粮食安全。有些人甚至害怕得开始囤积粮食。其实应当没有这个必要。因为疫情一定会过去，大地早已经在恢复生机。

我们绿野守护工作组发现，在过去，中国民间生态公益人士，多少都处于"粮荒"状态。我们有决心令这个现象不会再成为我们绿野守护行动的发展困扰。

做民间环保很不容易，有意愿、有能力、会坚持的人并不是那么多。而让很大的一批人临阵退却的原因，就是粮草供应不足，持续性和丰足度都远低于商业等领域。

最近有很多人在纷纷加入绿野守护行动，我们群体的数量越来越庞大。我们非常有信心，绿野守护行动能够成为包容性非常强的全国性、持续性的公众参与生态环境保护的主流行动。

参与这个行动的人，只有两个选项，要么选择成为直接守护者，要么选择为守护者筹集粮草。

也就是说，整个绿野守护行动的参与人，有两种方式参与，第一种是直接前线型的"守护"，第二种是后勤保障型的"守护"。

哪一种"守护"都不容易，哪一种都价值非凡，哪一种都可以产生无穷的创造性和强烈的成就感。

直接的守护，我们将组建30支到50支的团队，分区域，分重点，开展定向的守护工作。

后勤保障的守护，我们大体分为两类，一是协助某支守护团队定向筹集，二是协助绿野守护行动直接筹集，然后通过绿野守护行动进行分配和调剂。哪一种，都有它的需求，也有它广阔的空间。粮食长在地里，储存在人心中。只要我们的绿野守护行动是让人信任的，就一定会得到公众的支持。

2020年4月8日，我们的绿野守护行动的粮草筹集基础项目，"绿野守护行动中国"正式在腾讯平台上线了。这只是开始，我们接下来要做的将会更多。

按照我国民政部门的统计，最近几年，中国公众的公益捐款在3000亿元到4000亿元，通过互联网平台捐赠的，也就是在30亿元到50亿元。也就是说，互联网别看无处不在，具备了所有的可能性和通透性，但在现实中，互联网筹款发挥的空间和余地仍旧很小，至少98%的捐赠，仍旧没有通过互联网平台。

这意味着，互联网平台有无限的潜力可以去挖掘，进而扩展它的"公益捐赠市场占有份额"。

这也意味着，互联网平台之外的其他各种传统平台、线下方式，更值得我们绿野守护行动者借鉴和参考，去行动和发挥，去探索和尝试。

2018年，中国绿发会就成立了互联网筹款部，与各平台广泛合作，探索公众参与公益环保项目的各种可能。某种程度上说，绿野守护行动在互联网平台上的筹款经验已经相对娴熟，可以很快进行布置和推广，培训和组队。

但在其他的方式上，绿野守护行动还相对比较陌生，更多的资源尚未联结到，更多的可能性尚未合作起来。我们很清楚，绿野守护行动必须有专门的、庞大的筹款团队，需要大量地学习，更虚心地接受培训，更大胆地去拜访，去结交，去影响，去感染，去面对面邀请更多的人来成为我们的捐赠人，成为我们的支持者，成为我们的大额捐赠方，成为我们的零钱捐赠人。

我们甚至展望，绿野守护行动由此组建一支非常活跃的线下筹款团队，并逐步服务于更多的民间公益行动者。这有可能是中国民间环保公益界开创先例之举。这个团队的成员数量，应当越过直接参与守护的成员数量。这个团队的活跃程度，一点都不亚于直接守护的活跃程度。这个程度的社会影响力，一定也不低于直接守护的社会影响力。这个理想有没有可能成为现实，需要绿野守护行动的全体参与人密切配合，前后联动，共同创造。

做民间的公益环保，非常快乐，非常有成果，但确实，一切又并不那么容易。无论是直接去解决公益问题，还是帮助公益人解决公益人所面临的经费筹集、机构运营、团队发展的"内部发展问题"。民间公益人擅长少花钱多办事，公益的投入产出比相对比较好。民间公益要做的事是无穷大的，能筹集到的钱越多，相信能去做成的事就越多。

有人分析说，绿野守护行动发展起来之后，中国的民间环保将出现一个重大的转型，以前是"有事来找人"，此后，是"由人去找事"。我们期望中国的每一寸山河，都有绿野守护行动者在那频繁地"找事"，这样才可能随时察觉真正的问题，真正保障生态的安全健康。

让我们一起成为绿野守护行动者，让我们一起为绿野守护行动募集资金。古语有言："兵马未动，粮草先行"。现在，绿野守护行动的"兵马已动"，粮草就尤其要"步步富足，提前储备"。

只需要这么做，就可以筹到充足的经费

文/绿野守护工作组

2020 年 4 月 8 日，在中国生物多样性保护与绿色发展基金会的全力支持下，"绿野守护行动中国"众筹项目，在腾讯公益平台，正式上线了。

这只是我们支持绿野守护人而启动的筹款的"第一列方程式"，接下来，我们还将开展更多的筹款方式，欢迎全国所有绿野守护人一起来实战，用实打实的完全可量化的筹款成果，来证明我们的能力。

我们敢这么热心积极地筹集资金，因为我们看到了真正的需求。核心需求，是中国的生态一直呼唤公众去保护它。由此，很自然地，就需要把资金筹集给愿意参与守护的人使用。众所周知的天下公理就是，公众要参与保护，一定要有启动经费，行动经费；如果是全职工作人员，还要支持工资等生活保障资金。

众筹本来是所有公益环保的最通用、最有效的方式，但由于中国有那么一段时间，民间公益环保发展并不是那么顺畅，因此，很多人已经遗忘了这个基本能力，甚至丧失了这个基本能力，把公益资金的来源，寄托到政府和大企业家身上，这其实违背公益的原理。

好在整个世界、整个中国，逐步进入互联网时代之后，众筹在互联网平台上得到了新生。互联网平台让公益众筹从此有了无限的可能，有很多民间公益环保人也一直在验证这个可能，呈现这个可能。我们非常坚定地相信，基于互联网平台的众筹，一定是民间公益资金的主要来源。

无论外部世界怎么变化，我们都要把这个能力训练好，要把这个方法运用精熟。我们绿野守护人，是中国的环保先锋，我们要在互联网平台上，筹集到足够的资金，证明给那些怀疑众筹的人、犹豫的人、害怕众筹的人看到。

对很多公益环保领域的小白来说，众筹的原理可能很好理解，但众筹怎么开展，仍旧为很多人所不熟悉。

为了适应这种"勇敢迈出筹款第一步"的需求，我们绿野守护工作组，这几天，抓紧请教了"新共益"发起人林启北、彩色地球发起人周建刚等专家，他们可以说是在众筹领域非常积极活跃也非常用功的"实战型专家"。我们请他们把目前掌握的所有"众筹"的方法和秘诀，都分享给我们。

（一）如果你还没有机构——是指按照《中华人民共和国慈善法》的要求，正式注册的社会团体、基金会（包括公募、非公募两种类型）、民办非企业（有可能未来会改称为社会服务机构）这样的组织，只是个人或者一个小团队，那么，最理想的办法，是到已经发起的腾讯公益众筹项目上，用"一起捐"，来给自己的团队筹款。腾讯公益平台的众筹项目，从2013年演练到现在，已经成为国内较大的、较好用的、较公众化的互联网众筹平台。公益环保机构上线众筹项目，基本上都可以开展"联合众筹"。在这个风潮的推进下，"一起捐"逐步向"一起筹"转变。也就是说，你在"绿野守护行动中国"这个项目里，用"一起捐"发起后，筹集到的所有资金，就等于是你给自己做项目募集到的资金，扣除相关的管理费之后，这些资金就可以按照你的愿望来开展绿野守护行动。

我们欢迎所有的绿野守护参与人，都来发起一起捐，为自己筹集行动经费。没关系，筹集不到太多也是好事，因为，它至少锻炼了你的传播和推广能力。

没关系，如果你不会，我们的绿野守护行动小秘书，可以手把手教你。一起捐的筹款规模，在1万元左右时，比较理想。

（二）如果你觉得这样还不足以表达你的意志和能力，那么第二步，是可以上线"子项目"。子项目本质上是"一起捐"的升级类型，它更真实地诠释了"联合众筹"的"母项目"特色。可以说，"绿野守护行动中国"这个项目，就是一个用联合众筹思维设计的母项目，下面可以支持几个"子项目"，也可以支持很多个"一起捐"（一起筹）项目。子项目需要写一个相对翔实的项目书，这对训练伙伴们统筹思考的能力非常有意义。相对来说，一起捐最容易上手，随时可以发起；而子项目，则对团队的综合发展能力，开始提出了一定的要求。

"绿野守护行动中国"联合众筹母项目，也会发展一批条件适合的子计划项目。

没关系，如果你不会，我们的绿野守护行动小秘书，可以手把手教你。子项目的筹款规模，在10万元左右，比较理想。

（三）如果你觉得"绿野守护行动中国"这类的联合众筹项目，不足以表达你的公益环保理念想有更多的施展空间，那么你完全可以开始自己设计项目，我们会协助你打磨好并争取上线。我们尊重每个人的不同发展阶段，起步时你不得已，只能暂时寄人篱下，你内心还是非常强烈地想要独立自主地表达，那么即使你是一个个体，也可以想办法说服一家公益环保机构，以他们的名义帮你上线一个独立的筹款项目，然后，获得公募型基金会的认领之后，就有希望在腾讯公益平台上直接上线。当然这时候就要求你要具备撰写筹款项目书的能力，就要求你有考虑自己或者整个团队未来一两年发展的意识。

我们很愿意成为你选择合作伙伴时的"第一选择"。没关系，如果你不会我们的绿野守护行动小秘书，可以手把手教你。独立众筹项目的筹款规模，20万元左右比较理想。

我们在此要特别提醒你的是，所有的项目书里，最优先要设计纳入的，是全职工作人员的工资、兼职人员的工资、志愿者的津贴，以及办公行动这些必须费用。只有先把这些费用收纳和考虑进去了，你的公益环保项目才可能是健康的、可持续的。

（四）如果你手上已经拥有了慈善组织、社会组织、公益环保机构，只是此前一直没上线过腾讯公益平台的众筹项目，那么，很简单，你先到网上，打开腾讯网，然后进入"公益"频道。在那里右上角的位置，找到"注册"这样的按钮，先注册一个腾讯的QQ号。再把这个QQ号认证为公益机构的账号。腾讯就会像开通博客一样，给你开通一个"项目管理后台"，你在后台上按照腾讯的要求，把和伙伴们讨论好的项目书，逐一贴上去把图配好，就可以发布了。

当然，发布了不等于就上线了，还有一步非常重要的程序，就是找一家公募基金会认领。2016年实施的《中华人民共和国慈善法》，虽然规定只要一家社会组织被认定为"慈善组织"，两年之后就可以自由地面向全世界开展公募，但不知何故，这个条款目前未得到普及。因此在当前，要在腾讯这样的互联网平台上开展公开募捐，还需要依托有公募资质的基金会。"绿野守护行动中国"项目，就是由中国生物多样性保护与绿色发展基金会认领的。基金会认领之后，腾讯平台再审核把关通过，你的项目就可以开始正式面向整个宇宙筹款起来了。同样地，你也可以开始发展"一起捐"团队，发展"子项目"参与团队了。

（五）如果你觉得腾讯公益平台的筹款速度太慢，还想有更多的尝试，那么，我们可以协助你到支付宝平台、淘宝平台、新浪平台、联劝网平台、京东平台、易宝平台、轻松筹平台、水滴筹平台等上线众筹。每个平台都有他们的长项，也有他们的弱处。每个平台都有这些平台独到的要求，我们会协助你充分理解这些要求，在此基础上，迅速设计出自己最佳的筹款项目，探索出符合自己调性的筹款组合。

（六）"众筹"如果广义来理解，就是一个公益人的资金来源要非常丰富多样，而不局限于一种通道。互联网平台的众筹只是筹款的一个方式，整个世界的公益筹款发展这么多年，筹款方式可以说百花齐放，各显神通。绿野守护行动工作团队，还在持续开发和设计更多的筹款方法，我们会紧密配合全国绿野守护人的需求，尽力把所有的可能性都去展开和探索，并筹集到足够有成就感的资金。

我们的目标只有一个，就是协助全国所有的绿野守护人，筹集到足够从容自如的资金，以便能够更快速、更便捷、更富有想象力地开展我们守护中国生态健康的行动，支持我们实现生态文明的中国梦想。

流水态筹款与流水态资助——
绿野守护保持活力的根本

文/绿野守护工作组

有了对自然的观察，有了守护绿野的行动，很自然地，就需要回答第三个问题，资金如何运营，如何筹款，如何资助，如何形成完整的财务公示和产出公示？

为此，我们今天特地对绿野守护行动的总协调人、新共益发起人林启北先生，进行了专访。请他就他所倡导的"流水态筹款，流水态资助，流水态行动，流水态传播"，给我们一些更详细的参考方案。

林启北老师为此给我们写来了以下非常详细的解释，期待他的这些解释，会带给大家更好地参与绿野守护的信心和智慧。

一

绿野守护行动，志在支持一个普通公众成为守护生态系统的英雄。一个普通公众成为绿野守护人，往往是一个渐进的过程。这个过程是认知自然博物学的渐进过程，是掌握守护工作技巧的过程，也是传播自身行动的过程，更是筹款和花钱能力升级的过程。

我们的世界，有太多的人掌握了挣钱的艺术，却有很多人没有真正掌握花钱的艺术。民间自发的公益环保行动，如果从资金的循环与流动来看，本质上就是花钱的艺术。有些人可以把这个艺术品弄得非常有震撼力，有的人则可能始终也不明白这个艺术品的价值何在。

所以，"流水态筹款，流水态资助，流水态行动，流水态传播"的原理，其实和人的生命进程是类似的。你看那江河，从源头开始起步的时候，是涓涓细流，没有人知道它未来有多漫长，理想有多高远。随着它一步一步向前闯荡，更多的流水参与进来，就这样一点一点地成为江河，成为一个丰富无比的生态系统。理解了流水的原理，就能够理解我们绿野的这四个流水的行为模式设计了。

二

我们把自己想象成一个环保小白。那么，当我们想参与环境保护的时候，会做什么呢？肯定是先进行自然观察，同时配备百度知识搜索和书籍阅读，以快速地让我们的头脑，储存进更多的自然生态环境保护的相关资料。完成这些动作的时候，应当是不需要资金的。或者说，即使需要一些资金，也是因为这些资金满足的是自我的学习成本，是自己应当交的学费。

所以我们基本上判定，如果您处在"绿野观察员"的阶段，那么，基本上您不需要资金的支持，您需要的只是信息和能量的交换。那么，您只需要多多参与群里的活动，多多把自己的自然环保认知的成果与其他人交换，您就可以储蓄好非常好的基础。这个过程，就像大山蓄积水分一样只是泉水还隐藏在地里，尚未破土而出，尚未成为泉眼。

三

如果您在自然环境认知的过程中，看到了生态环境中有这样的那样的破坏和污染。这时候，您想了解得更清晰一些，就需要更详细的调研。这时候，您就有可能需要一些小额的费用了。但费用往往也是不高的。如果您原来有自己的一些积蓄，拿这些积蓄来进行初步的调研，也是可以的。因为从捐赠人的心理来说，他们更喜欢支持已经做了事的人，而对尚未做事的人不是特别热衷。因此，假如您这时候，能够动用自己库存的小资金，对看到的一两个生态环境中的问题，进行定向的调研，然后，把调研的成果发布出来，呼吁更多力量来参与解决。

这时候，公众就算看到您迈出了行动的第一步。拿泉水来打比方，您这个泉眼，算是开窍了，您已经要勇敢地开始闯荡江湖了。这时候您要做好两件事，一是保存了为此发生的相关票据，二是做好自己行动成果的自媒体传播。因为，媒体也和捐赠人一样，他们也要等戏剧上演快到高潮时，才肯现身参与的。而此前的预热阶段，都得靠自己去努力传播。

四

这时候，如果您信任我们"绿野守护行动中国"的联合众筹，您就可以在上面发起"一起捐"。经过多年的客户使用，腾讯公益平台已经非常实用和易用，您发起的"一起捐"，可以生成二维码，可以形成小链接，方便您进行转发和传播。您可以设定筹款小目标，也可以不设定。

我们要提醒您的是，您所用一起捐筹集到的所有费用，扣除基金会的管理费之后，都归您自己使用。也就是说，您自己筹到多少钱，您就可以报销和花费多少钱。这时候，您可以把参与绿野守护过程中所花费的交通费、检测费、住宿费等，都用来报销。当然，您的票据一定要合乎规范。一般来说，一开始的时候需要的资金往往也就几百元，建议您花费了这些钱之后，马上就和我们绿野守护行动的工作人员进行协商，探讨最理想的资金报销方式，以便资金能够更好地反哺到您账户，支持您接下来进一步的工作。

五

如果您想做一件特别大的事，需要很多很多的资金，我们建议您不用忧愁，可以冷静下来，对这笔巨额的费用，进行一步一步分解，看看明天需要多少钱，后天需要多少钱，先把明天的筹集到，在播报明天的成果的同时，相信一定能够把后天的也筹集到了。这样如流水一般，越筹越多，越做越大，越传播越宽广，越流淌越长远。

如果您只想做成一件事，而您筹措的资金又多出了您自己所需要的，您可以转身成为"捐赠人"，把这笔钱指定给您认识、值得信任的其他绿野守护伙伴。

六

如果您觉得自己就是不肯参与这个众筹，但您又确实需要资金，您可以与我们绿野守护行动组的工作人员协商，我们帮您从筹款和传播志愿者中，招募愿意来协助您筹款、传播的伙伴，成为您的粮草运输团和保障部，帮助您筹款和传播。

但要这样做，您得明白两个成本，一是有可能这些筹款和传播志愿者的津贴成本，需要从他们帮您筹措到的资金中扣除。否则也很难调动筹款传播志愿者的积极性。二是如果您没心思筹款，那么表明您愿意把所有的心思放在守护行动上，那么，您的守护行动的业绩一定要非常显眼和可信，让捐赠人看着放心和欣赏。这样，就会有很多捐赠人定向捐赠资金给您或者您的团队。

七

由此，我们在这里也特别向报名成为绿野守护筹款传播组的志愿者们表示感谢。随着绿野守护行动的日益深入开展，筹款传播志愿者们将会被分派到不同的绿野守护人团队中，协助他们筹款，协助他们传播；给他们更多的鼓舞，给他们更多的信任和赞赏。

如果您觉得，不想只做"为他人作嫁衣"的筹款传播业务，您想自己为自己筹款，然后支持自己发起、挑担的绿野守护行动，那么，我们欢迎您随时转换身份，迅速由幕后走到台前，由协助者变成行动者。这时候，您的筹款和传播原理，就又回复到了前线行动者自筹自支的"流水态模式"。

八

看完上面的这些，您是感觉到有些灰心？还是感觉到非常地兴奋？哦，搞来搞去，我们不仅要自己行动，我们还要自己筹款；或者我们的筹款和传播，也需要成为可衡量、可成果化的行动。难道绿野守护行动工作组，就不能募集一些资金，来直接资助给我们吗？

我们当然一直在筹集更多的资金；绿野守护行动今年想要筹措的资金是 1000 万元以上。而且，我们想要筹措到的资金是"非定向"的，也就是允许大家在开展绿野守护工作中相对自由地使用的，以方便绿野守护人更自由地探索，更勇敢地犯错。

我们会用一年的时间来观察，哪些绿野守护人、筹款传播人做得很出色，我们就会把筹措到的资金，以奖金的形式进行发放。同时，我们也会动用绿野守护行动组的工作人员，对表现得好的绿野守护人，进行全方位的传播和推送，全力协助绿野守护人筹集到更多的资金。

按照我们的估计，只要我们一直在积极地开展守护行动，并拿出很有说服力的持续行动的成果，我们就很有可能说服一些大额的捐赠人，捐赠一大笔费用，来支持我们做得出色的团队，来支持我们继续孵化和催化更多的绿野守护团队。我们取得的好成果越多，公众就越相信我们；就如一条江河，我们越滋润两岸的生态系统，灌溉两岸的田地，养育两岸的村庄，我们所流经区域两边的山川和田地，就会给我们越多的补给和丰富；我们就会源远流长，无限广阔，直达大海的怀抱。

五无公益人，如何两年从 0 筹到 500 万 +

文/林启北

　　我们新共益团队，一直在努力去推动公益行动者筹集工资。花了将近两年的时间，去进行实践和调研，最后我们惊讶地发现，互联网众筹最大的阻力，并不是平台、基金会、公众、企业，而是公益行动者自己，或者说最缺钱的人，恰恰是互联网众筹最大的畏惧者和厌倦者。

　　商人不是天生就有钱，所以他们一直在努力挣钱；科学家不是天生就是科学家，所以他们一直在努力钻研；运动员也不是生来就是运动员，他们每天都要锻炼技巧；谈恋爱也不是第一天碰上，说一句我爱你，就能追求成功，也需要持续不断地表达。

　　可在公益界，很多人似乎忘记了这一点，做了几次互联网筹款，真正算起来所花费的时间，可能也就十几个小时，充其量也就转发几个朋友圈，然后写几篇文章，弄点自娱自乐的筹款招数。最后筹不到钱，就对外说互联网筹款很难，就直接放弃不去筹了。

　　为什么这些公益人那么容易浅尝辄止？为什么这些公益人稍微遇点困难，就那么容易掉头？他们从来没想过，这个世界上的成功，是有"小时数"定律或者说经验的积累，做一件事如果没有持续参与到一定的状态，根本不可能获得成就。

有部分公益人好空谈、不实干，只追求表面的公益精神，他们这些特点在互联网众筹上，体现得淋漓尽致。

2013 年以来，互联网众筹的其他几个利益相关方，都已经做到了极大的支持。互联网平台的支付方式越来越方便；项目的发起越来越容易；成果的播报方式越来越快捷；财务公示的透明度越来越清晰；公募平台们都在努力提供最好的服务。

基金会也因为互联网众筹浪潮的席卷，开始出现了分化和发展。呆板保守的基金会固然很多，动作单一的基金会固然也不少，只知坐办公室里索要财务票据和项目报告的基金会，可能仍旧是主流。但在整个公益领域已经可以明显看到，基金会服务能力的提升和转型，是必然的事。一批既富有草根精神又富有服务精神的基金会，已经起到带头示范作用了。因此，政策障碍、法律障碍、技术障碍和通道障碍，在互联网众筹平台早已经全然打通。打个比方以前是没有路后来是没有车，而现在路也有了，车也有了，差的就只是司机了。

如果你想要有稳定的造血功能，全世界的经验表明公众筹款是王道，而现在的互联网筹款就是好办法。只要你愿意将公益组织身边的公益行动者、公益志愿者动员起来，能够极大范围地使用互联网众筹，善用腾讯公益、支付宝公益等网络筹款平台的各种工具，完全可以加持我们的公益能量，从而能够推动使命的前进。

在这时候，筹款的意义已经不仅仅是筹款了，而是在总结公益成果，分享公益使命，寻求社会支持，发展公益盟友。而且最重要的是，表达"我的公益一直在线"的态度和精神。

而此时此刻，有人捐款或者没有人捐款，已经完全不重要了，因为这些本身就是你必须要做的事情，筹款什么的，只不过是顺道一起做了而已。

在互联网时代，你只要表态要做一项公益事业，就等于把自己引导上了一条持续前进的道路，这条道路对每个人既是最大的锻炼，也是最大的扶持。互联网彻底改变了公益的模式，公益行动者从此真正成为公益核心的主导者，社会的其他能量都成为公益行动者的配捐和支持。

如果在这时候，公益行动者还不赶紧抓住这个要领和诀窍，让自己投身于互联网众筹的潮流。那么，必然会成为公益的旧势力，而被时代所淘汰。只有符合互联网众筹精神的公益行动者，才真正具有健康又鲜明的未来。

我本人就是最鲜明的案例，两年前我重新回来做公益，什么都没有，到处求人让我上线互联网公益平台，进行项目筹款，在无使命、无团队、无机构、无项目、无资金的五无状态，仅我一人单枪匹马地干公益！于是我不断地去告诉所有人，我缺少这些东西，不断地去寻找支持者，直到有位公益前辈告诉我，我应该去这个社会最需要我的地方做事。

这才开始有人愿意跟我一起干公益，还有人把公益机构送给我，公益项目也开始设计出来，最重要的是我从来没有懈怠过去筹款。因为我知道一个公益组织的负责人，如果没有想着去通过筹款，来支持使命的达成，那么他就不配做负责人。我在第一年花了大量时间，打了几百个企业的电话，上了十几个筹款项目，对通讯录上所有的朋友，都点对点劝募过，几乎没有筹到多少钱，但是我从未想过放弃。

直到在 2018 年 9 月，我才开始真的筹到款，这一年筹集到将近四百万元的资金，其中超过 60% 用于支持公益人的行动经费和工资。届时，才能有实力带领我的团队，走上公益使命的快车道。从 2019 年 9 月开始，我们愿意带领你们，一起走上公益的快车道，通过我们公益行动者"卓越计划"，一起去实现公益的使命和蓝图。

如果你对众筹的技能还不够了解；如果你对朋友圈的转发还有疑虑；如果你对"点对点"的说服还不知如何是好；如果你对如何带领团队成员一起众筹仍旧比较陌生，如果你在这个互联网时代筹款居然还"筹不动"。那么，你可以来找我们，加入我们的公益行动者"卓越计划"，我们来和你们一起破除障碍，共同从优秀走向卓越！

做公益拒绝"包养"，就要众筹

文/林启北

这两年来，我一直劝想做公益的伙伴，做任何事情都要先考虑发起众筹，将自己想为公众服务的念头，大声说出来并明确寻求社会的支持。当然，有不少公益伙伴在筹款的同时也存在疑问，我们为什么要众筹？众筹的原理是什么？怎么样做众筹效果最好？众筹未来的趋势是什么？诸如此类的话题不绝如缕。

就我带领"新共益"团队这两年多的经验来看，很多人刚开始做公益的时候，在钱方面经常会有以下几个想法：一是靠自己的"钱"来做事，就是自己有多少能力做多少事情；二是靠政府和基金会的资助来做事，通过写项目书来申请相关资金的支持；三是靠商业挣钱后再做公益，最近就冒出很多靠商业合作的力量挣钱，然后用挣来的钱做公益。

这些方式都可以尝试，也都有价值。但在我们看来，成为社会企业，靠基金会和政府的支持，靠自己的存款，这些都是远远不够的。因为这样的思维方式，本身就与"公益"的基本原理不契合。

从几千年来公益演化史的经验表明，公益最大的特点是姓"公"，而不只是姓"益"。也就是说，它的一切过程都应当公众化、公开化、公理化、公平化。很多人只看到了公益中"益"的一面，却忽略了公益中

"公"的一面。

如果公益是一个姓名，那么"公"才是姓，"益"只是名而已。只是在平时我们叫一个人，经常习惯呼名称字，却忘记了他的姓氏和根源，导致名大于姓、得名忘姓了。

既然是姓"公"，那么就要把公的特点表现足够，把公众需求、公众参与和公众支持的基本特性都充分符合了，才可能充分展现民间公益人的强大胸怀。

在此，我们把新共益这几年来，在众筹方面的心得，完整地罗列分享出来。当然，这些经验仍然是不完善的，仍然是在生长中的。每个参与的人，都能够贡献他的经验和智慧，公益众筹的过程，也是公益伙伴在累积众筹经验的过程。一切都来自行动，用之于行动。

一、资金来源多样化

众筹的第一个发动原理，是公益组织的资金来源要多样化。很多公益组织的资金来源比较单一，要么来自政府，要么来自基金会，要么来自个人，要么来自极小众的支持。有的则来源于发起人自身持续的捐赠，直到把发起人捐到穷困为止，有的甚至来自员工的"隐性捐赠"，通过压低甚至克扣公益团队全职员工的工资，来保障其所谓组织的发展和项目的执行。

因此，不管组织自身的使命是什么，只要其资金来源是单一的，那么我们新共益就会给出一个诊断，他的公益性不够公众，不够公开。虽然在其本质上，还算是一个公益组织。但因其单一的经费来源，从某种角度可以说被"包养"，而被"包养"的公益组织，就很难说自己能够始终如一地为公众服务。而且被"包养"的组织，其本身公益生产力会急剧下降，最终泯然众人矣！

二、各众筹平台上线项目

众筹的第二个发动原理，是公益组织必须有持续的众筹项目在各众筹平台上上线。自互联网出现，中国式互联网众筹就已经启动了。因为公益是人的天性，而善用工具也是人的天性。因此，当好的工具出现时，人们就会争相应用、及时利用。

中国式互联网众筹在2013年左右出现了一个大的爆发节点，大型的互联网平台，开始主动和公募基金会合作，设计出了非常简便、易用的互联网众筹工具。不管是腾讯系，还是支付宝系平台；不管是联劝网平台，还是易宝公益平台；不管是轻松筹，还是水滴筹等商业机构搭建的公益平台，都在努力探索方便公益组织、公益个人筹款，方便公众参与，方便直接让受益人快速获益的各种路数。

可以说是实践出真知，虽然当前中国式互联网众筹，在整个社会的筹款总额占比中，仍旧没有成为主流。但是它的发展趋势，却是最旺盛的，我们基本上可以判定，中国公众的捐赠，将很快转移到互联网平台上来。

也正是基于这种确定的判断，我们新共益团队不管是支持哪个类型的公益伙伴，都会强烈建议这些伙伴，要在各个互联网平台全年持续发起众筹。只有这样，这个组织才会全方位得到公众的关注和理解，公众也会在想要给你们的组织或项目捐赠时，有便利、及时的通道可使用。

为了获得公众的支持，公益组织必须不断努力，并积极去获得和争取公众的支持。这样的话，你就会越做越发现，你不只是需要姓"公"，也在姓"公"之路越走越远。

三、全员众筹的心理意识

众筹的第三个发动原理，是要在组织内部形成全员都有众筹的心理意识。需要让组织内部的全员都明白，大家所用的资金，是公众支持给我们的，最为骄傲的事情，也是能够获得公众的支持。

很多组织在表面上是公益组织，可其行为方式却不符合公益组织"生态群落"的思维。仍旧是君主专制式，或是"核心人物"主导，做什么事都只能提团队或品牌，做什么都只能提发起人或创始人。却不知公益组织既然姓"公"，它就不属于某个个人，是属于组织所有参与者所公用的，需要互相协助从而达成每个团队参与者的诉求，而不是像传统组织那样把个人奉献给机构。

公益组织在基于共同的使命前提下，每个人都可以成为公益项目的发动机和核心力量。每个人都会有自己的公益方向和工作手法。在新共益看来，众筹是公益人的成年礼。当一个组织的公益人敢于众筹了，那他的公益意志基本上就确定了，至少他对自己有信心是为公众服务的，经得起公众的观察、监督和考验。

四、敢于筹工资或"非限定性"资金

众筹的第四个原理，是一定要敢于给自己筹工资或"非限定性"资金。中国的公益人尤其是民间公益人，是真正用心在做公益，这样的人区别于用钱做公益、因权做公益的人。用心做公益的人，知道自己要做什么，每天都在为自己的理想而勤奋地付出。这样的公益人，从踏入公益行业的那一天起，基本上就是先消耗自己的资金与自身的能量。

可其原始的家底再厚，也会有消耗殆尽的一刻；自身的能量再足，也需要随时充电和补充。更何况还有很多人，在年纪轻轻时就投身了公益行业，除了公益热情和青春力量，其他方面的积累都很单薄。在这个时候我们发起众筹，不要简单追随各个平台的传统思维，只筹项目甚至只筹物资成本。

一个只会筹物资成本的公益组织，最多只能算是物资的搬运工，其离做公益还是很遥远。公益不仅是在解决社会难题，而且是在创新社会模式，表达新型的社会理想。这个创新和表达的过程，具有极大风险和极低现实回报。因此，在发起筹款时，必须明确告知捐赠人，这里面存在的风险，以及公益人自身所应具备的担当精神。

　　把这个原理说清楚了，公益人在发起筹款时，就会很坚决地从筹集工资成本和非限定方向前进。世界上，确实是有很多人做公益不拿工资，那是因为这些人在其他渠道已经拿到了工资，或者说不需要为工资而发愁。

　　当公益成为一门职业的时候，在里面的从业人员，不管是全职还是兼职，都应当拿到公益行业正当的工资。按照国家目前相关的法律法规，公益行业的工资水平，参照的是"事业单位"的工资水平来计算。公益人要公开透明、放心大胆地给自己和团队筹集工资，只有保障了正当的工资和福利，才可能推动公益行业可持续发展，"非限定性"资金也是如此。

　　前面说了，公益除了解决社会上的物资不平衡问题，更多是解决理念、思想、意识和法律文化上的"软性思维问题"，而这样的问题解决，需要依靠思想家的睿智。公益人往往是思想家。同时要依靠行动者的探索。

　　因此，公益人又是具备了探险精神的行动家。不管是珍贵的思想，还是珍贵的行动，都需要依托公益人自由的进取，以及强大的心力做支撑。而自由的进取和强大的心力，来自公众强大的信任和支持。一个懂得信任和支持公益人的社会，必定也是强大又健康的社会。

　　以上是我们"新共益"团队，所总结出来关于众筹的发动基本原理。我们期待在接下来的时间，能够对公益伙伴们起到些许的参考和借鉴作用。我们也愿意在接下来的时间里，用心支持每一位公益伙伴，通过练习众筹，实现与社会公众的有效互动，形成良好的社会记忆和个人品牌，汇聚出强大的公益倡导能量，最终真正推动自己人生价值的实现，团队使命的达成。

想支持"投入产出比最大"的民间生态保护？
一起来踊跃"月捐"吧

文/周易经

做公益，有三种人。一种人，因为权力而去做公益；一种人，因为有钱而去做公益；一种人，因为有心而不得不做公益。

在这三种人中，每种人都能够获得良好的"投入产出比"。当然，我们最看重、最喜欢的是第三种人。因为，尤其是用心做公益、做环保的人，"投入产出比"最大。尤其是这些有心人又肯积极地不畏艰难地行动的时候。

用心做公益的人最值得支持。我们生态健康行动组所关注的小伙伴，可以说，都是全国各地最用心做环保，投入产出比最大的一群人。

他们舍弃了原来的工作和收入，全身心地进入公益环保行业。

他们冒着被伤害和"被训诫"的风险，毫无惧色地进入公益环保行业。

他们不仅有勇气上前线现场调查，还有智慧想出多种多样的发动和倡导方式，直到看到的社会灾难得到缓解或者有希望尽快解决。

但他们得到的支持，却是永远不够的。因为这个社会，制造的生态灾难太多，所以他们想做的太多。

他们得到的支持，往往只偏向于差旅和行动经费，很多人却忘记了，他们也是普通人，一样需要工资社保，一样需要生活费和医药费，一样需要支持家庭老小，一样有自己的喜好和热爱。

所以，在我们生态健康行动组看来，所有用心做公益、做环保的行动者，都值得无条件地信任，无条件地支持，非常热烈地赞赏。

所以，在我们生态健康行动组看来，我们认定的组员，就一定要优先支持工资，支持差旅，支持行动经费，支持他们去做他们想做和能做的一切。

我们完全相信，这些用心来做公益、做环保的人，知道自己要做什么，也知道该怎么样去做，根本不需要我们督促、监管、审查，我们需要的，只是帮助他们筹集更多的资金，传播他们的故事，围绕在他们身边给他们助威，帮助他们做一些他们照顾不过来的后勤事宜。

所以，我们生态健康行动组，从一联结，就确定了，只要成为我们正式组员的伙伴，我们都要给他发起月捐。这个"月捐"的倡导行动，是在国家认定的互联网平台上合法进行，通过有公募权的基金会开展筹款；所有募集得到的资金，全权委托给富有公信力的公益后勤协作团队管理。

当前，全国人民都认识到了保护生态环境和野生动植物的重要性。

2020年2月29日，我们生态健康行动组的"一号组员"已经到位，他就是来自江苏的范博。

我们想通过这个"月捐"平台，每月给他筹集10000元左右，保障他的基本生活，同时保障他快速地参与生态环境保护的行动经费。

范博在这个行业已经持续工作了6年，富有经验，个人也非常有意愿继续从事民间生态环境保护事业。

经过几天的呐喊，已经有11位热心人士参与了进来，目前已经募集到1450元，离目标还有不少距离。按照此前我们总结出来的捐赠小规律，我们至少要找到100人参与，才可能完成这个小目标。

2020年，无论从哪方面讲，都是生态环境保护的关键之年吧。这个春天，我们需要更努力，更积极地呐喊。

这个"月捐"所依托的公募平台，把月捐设计得非常便捷和易用，您只需要按照里面的指引，就可以三分钟内完成所有操作。

　　只要确认一次，一年之内，每月就会自动进行，不需要您再操心。我们试过了，不会有其他的风险。如果您一年之后想要解约，随时上线解除就可以了。

后记：把浓烈的理想，藏身于实战行动中

文/彩色地球发起人　周建刚

每个公益人，尤其是草根公益人，都有自己的理想。我们这几年接触到的生态环保公益人，都很愿意和我们谈理想，谈情怀，谈抱负。

我很理解这样那样的理想，因为我自己也是个理想情结很深重的人。

但我又担忧这些理想。因为，一个人如果只有理想，缺乏具体的使用工具去做具体实际业务进而解决实际问题的能力，那么，这样的理想，就只会徒然地燃烧，甚至燃烧的是这个理想主义者自身，而解决不了任何实际社会问题。解决社会问题，是公益人士"创业路上"的生存指标，解决了社会问题，公益创业才算成功；解决不了社会问题，这个公益创业就可以视为是失败的。

打个比方，有一个屋子，满屋子的粮食蔬菜，满屋子坐满了饥饿无比的人。饥饿人的理想，就是要尽快吃上饭菜。如果每个人都不动，那么，这些人就是光会喊饿而不会实干的虚伪的人。

如果一个人想做饭，却从来没做过饭。这样的人，就是有理想，却缺乏技能的人。他不知道怎么淘米洗菜，也不知道怎么切菜分割，更不知道怎么点火放油，最后也不知道何时关火出锅，那么，这样的人，就是我们现实中经常遭遇到的，有理想，无技能的人。

有人会经常抱怨社会缺乏他能使用的工具。其实，在整个社会，所有的做公益的工具，都是现成的，都是通用的，都是常见的。有人抱怨说工具太难学，其实，只要是社会上通用、常用、流行的工具，都是易学、能学、好学、好用的。这就像交通，公路是现成的，车辆是现成的，只需要有开车的人就行。这时候，如果你想去远方，却没有开车的技能，你当然只能困在原地。世界上有那么多人都会开车，你却说开车难学，那就是给自己不愿意学找理由了。

有人说公益组织注册难，可是我看到很多人注册了很多公益组织。他们为什么就不难呢？难道他们都是凭关系？我去调查过，他们都是靠自己去努力按照政府的要求注册的，没有几个人是靠关系。在中国真本事、真技能、踏实干才是王道。

有人说公益组织筹款难，可是我看到那么多的公益组织，有的筹到了几千万元，有的筹集到了几百万元。有的筹款虽然不多，但至少能够满足自己的运营。这就跟车辆要加油一样，每次能加满油箱，就可跑上几百公里。没有人是带着加油站上路的，都是到了没油时，去找到加油站就可以。公益组织也是如此，不需要事先筹到足够用多少年的钱，只需要筹集到当前及接下来一段时间做公益的钱，就可以出发了。公益人一定要相信，只要上路了，前方就一定有加油站，一定能筹到加油的钱。只要启动了就能够筹集到更多的资金。

有人说公益组织运营难，可是我也看到很多运营得非常出色的公益组织，他们都是在"五无条件"下实现了持续的业绩成长。这"五无"包括：无专业背景，无资金支持，无经验指导，无事先成立的机构，无充足的社会经验。他们凭着自身的冲劲儿，依靠自身的辛苦和努力，硬是在不可能的地方做出了可能；硬是把无人走、少有人走的路，变成了繁忙的交通要道；硬是把一些不受重视的边缘问题，变成了整个社会都非常关注并愿意解决的共性问题。

我从小就是依靠工具谋生的人。我做过电焊工，电焊工的工具就是一把电焊枪。把它用好，就能取得很大的成就，挣钱养家没问题，做出一些高质量的焊接作品也没问题。焊接技术和天下所有的技术一样，都是越用越熟练的。焊接行业和天下所有行业一样，都是可以因为工具而师徒传承的，开始时是徒弟，做上十年了你就是师傅，就可以带徒弟了。我做过地推式的产品销售，销售产品依靠的就是一张嘴，以及对顾客心理的准确把握。推销员也是有"工具"的，工具就是他用来展示的样品，就是他推销时的各种技能和方法。天下所有的推销技术，也都是可以师徒传承的，都是可以很快掌握的，只要你真的想去做。

很多人老是相信一定要学习得很多，才可能去开展业务，才可能去触碰技能、启动技能的入门。其实，更好的做法是简单入门之后，把更多的学习机会，放在平时的具体工作中。在工作中学习，是最好的学习。绝大部分人的工作技能，不是先从书本上学来的，而是从具体实操中掌握甚至自己再研发的。如果我们的教育不仅仅是把考试的分数作为唯一衡量标准，如果我们的学校考核里多一些生活技能，多考核一些其他实用技能，那么，我们社会的实用性人才，就一定会多起来，我们的国家就会更强盛。因为掌握技能的人越多，国家才越坚实可靠。

人活在世上，做公益也好，做商业也罢。在政府机关工作也好，在事业单位也罢。在朝廷也好，在民间也罢，其实，人活着依赖的立身之本，是每天要开展的劳动。而区分一个人劳动成果的差异，可以看两个方面，一是看这个人掌握的具体的劳动技能有多少；二是看这个人掌握的某项劳动技能有多娴熟，有多精妙。人家不会用、用不上的技能，你会用你就比别人厉害。大家都会的技能，你比别人用得更加炉火纯青，甚至时常进行再创新，那么你就又比别人厉害。

这些技能到底是什么呢？其实很简单，说话、洗脸、吃饭、穿衣、上厕所、走路、化妆的技能；坐火车自己买票自己上车找座及时下车的技能；下车后自己找到旅馆和饭店的技能；到达调研地点并获得想要现场调研信息的技能；打开电脑搜索相关信息时能够快速查询获取的技能；需要相关法律时能够马上对应于某个法条并将之用于工作的技能；申请信息公开时能够清晰填写并及时发出得到政府相关部门有效回复的技能；积攒和整理票据并及时到单位合理报销的技能；撰写项目成果并客观播报的技能；申请项目并获得资助的技能；撰写众筹项目书并获得腾讯、支付宝平台流量捐赠的技能；发展团队并与团队一起愉快合作的技能；注册运营公益机构并获得公益机构的所有优惠政策的技能；演讲和宣发，带动更多的人参与公益的技能；运营自媒体并接受正规媒体采访的技能；发动社会力量并获取社会信任，成为公众支持的公益 IP 的技能。

当然，技能还有很多很多。一个人不会用工具，不掌握技能，不可能成为他想成为的任何人。

感谢中国生物多样性保护与绿色发展基金会愿意支持和赞助这本书的出版。感谢中国绿发会秘书长周晋峰博士对这本书出版过程的关怀和指导。2020 年 3 月，中国绿发会发起了绿野守护行动，我有幸成为这个行动的副总指挥。我愿意协助总指挥周晋峰秘书长一起，让更多的人因为参与了绿野守护行动，掌握越来越多的生态环境实战技能，成为这个行业的高手、好手。

我眼前的这本书，其实就是中国最近十年来做公益的真实技能的实战心得体会。它可以说是中国目前唯一的一本用自己工作生命换取的公益技能实操汇编。它所有的精华都来自我们的小伙伴，它的使命是让更多的小伙伴受益。相信只要真正开始做公益做环保的人，都需要这本书。它的作用远超于一切理论、训导、开示、理想和情怀之上。

因为，在这个世界上，决定一个人生存境界的，根本不是理想与情怀，而是你掌握和运用的真实技能。艺多不压身。原本缺乏技艺的人，只能通过面向问题的行动，以获取真正的技艺。不管我们想做什么，要做什么，都只有一条路，那就是马上行动。只有行动起来，在行动中掌握技能，在行动中求取真知，在行动中解决问题，在行动中结交战友，在行动中积累智慧，在行动中领悟生命的真谛，在行动中创新更多的技能。

2020 年 6 月 24 日

绿野守护行动简介

2020 年 3 月 23 日，中国绿发会牵头发起了"绿野守护行动"。

绿野，绿色的原野，天然而不受侵犯的荒野。中国需要绿野，中国需要很多普通人来一起守护绿野。所以我们发起了绿野守护行动，我们将从野生动植物保护出发，但绝不限于野生动植物保护，我们要守护的是这个世界最需要的天然荒野系统。

目前，中国绿发会绿野守护行动已经有二十多支团队正式组建和成立，期待有更多的团队通过持续的行动组建起来。你行动得越多我们能提供的服务就越有力。

2020 年 4 月 8 日，"绿野守护行动中国"联合众筹项目，在腾讯平台上线了，如果您在行动守护的过程中，有任何的资金上的需求，都可依托这个联合众筹发起一起捐，一起筹，筹集到的资金将主要支持您和团队的守护行动和个人成长。